彼得・杜拉克全著作指南

Peter F. Drucker
Completed Book Guide

上田惇生 Atsuo Ueda——著
羅淑慧——譯

彼得·杜拉克生平梗概

Peter F. Drucker, 1909.11.19-2005.11.11

1909 年出生於奧地利維也納。

畢業自法蘭克福大學，曾擔任財經記者、社論主筆。1933 年發表了一篇事先已知會得罪德國納粹的論文後，移居倫敦，並在商業銀行擔任分析師。1937 年移居美國，曾任紐約大學教授等職務。1971 年在洛杉磯近郊的克萊蒙特研究大學擔任教授一職，爾後在當地持續寫作並從事諮詢顧問工作。

杜拉克的著作等身，其龐大的著作群有「杜拉克山脈」之稱。第一部問世的作品《經濟人的終結》，由於研究分析法西斯的起源，還受到日後擔任英國首相的邱吉爾讚賞；另一部作品《公司的概念》，則是研究美國通用汽車的經營管理。杜拉克著作涵蓋的領域跨足政治、行政、經濟、管理、歷史、哲學、文學、美術、教育、自我實現等各方面，並持續為各個領域帶來重大的影響。

杜拉克不僅是現代社會中，率先指出東西冷戰結束、高齡化社會來臨、轉換為知識社會等現象將促使社會產生根本變化的最偉大哲學家；同時也是確立管理系統，並創造出「分權制」、「自我目標管理」、「民營化」、「標竿管理」、「核心競爭力」等絕大多數管理技能的管理學之父。

許多世界知名的高階經理人，如 GE 的傑克·威爾許、P&G 的艾倫·雷富禮、Google 的艾立克·史密特等，不僅尊杜拉克為師；著有《追求卓越》的湯姆·彼得斯、《基業長青：高瞻遠矚企業的永續之道》的詹姆·柯林斯等的著名作家們，也都深受杜拉克的薰陶。眾所皆知，杜拉克也是親日派。1934 年，某日他在倫敦街角為了躲雨偶然走進畫廊，因而迷戀上欣賞過的日本畫，爾後擁有室町水墨畫等收藏。2005 年，離 96 歲生日僅剩 8 天的他與世長辭。「20 世紀的知識巨擘」、「管理學之父」等，讚譽杜拉克的頭銜繁多，不過他本人則是把自己定義為社會生態學者。「人類存在於社會中的自由與平等」是杜拉克一生最關心的事，因此他總是不斷地探討社會、組織、企業應該如何？個人應該做些什麼？由此可知，杜拉克無疑是一位超越現代、支配 21 世紀的後現代旗手。

作者簡介

上田惇生（Atsuo Ueda, 1938-2019）

翻譯家。製造大學（Institute of Technologists）名譽教授、立命館大學客座教授、日本杜拉克學會代表。生於 1938 年，1964 年畢業於慶應義塾大學經濟學院。曾任經團連會長祕書、國際經濟部次長、公關部長、製造大學教授。翻譯彼得・杜拉克教授的所有主要著作，是杜拉克的摯友，也是大家公認杜拉克在日本的代言人。編輯有《專業人士的條件》等書籍、著有《杜拉克入門》、《彼得・杜拉克　超越時代的語言》等書。

刊頭對談

糸井重里（Itoi Shigesato）

東京糸井重里事務所代表／《幾乎日刊糸井新聞》的經營者。生於 1948 年。除了從事文案撰稿，亦活躍於作詞、遊戲製作等跨領域活動。著有從〈幾乎日日〉連載中集結成冊的《黃昏》（與南伸坊共同著作，東京糸井重里事務所發行）等多部作品。

幾乎日刊糸井新聞：http://www.1101.com/

譯者簡介

羅淑慧

國立高雄第一科技大學日文系畢業，曾擔任出版社編輯。

2008 年起從事專職翻譯工作，迄今譯作超過百本，包含辦公室應用工具書、商業理財、經營管理、醫療保健、食譜等領域。

聯絡信箱：Lo.Yosie@gmail.com

糸井重里 × 上田惇生

初識杜拉克[1]

《幾乎日刊糸井新聞》[2]的經營者糸井重里
與彼得・杜拉克在日本的「分身」上田惇生對話：
「為什麼杜拉克這麼『有趣』？」

杜拉克是 GE、福特、英特爾、索尼（Sony）等大企業 CEO 的「管理學老師」，即使年逾 80 高壽，依然寫出好幾本暢銷書籍。

他在年輕時曾與納粹高層爭論、首部作品即獲得邱吉爾讚賞、年過 90 仍繼續擔任企業顧問。直到 95 歲過世之前，這位「字跡潦草」的作家，依舊持續敲打著老式打字機寫作……。

對談過程所提到的「彼得・杜拉克」，是個充滿人情味又有趣的人，不僅僅只能用「現代管理學之父」來形容。

若過去曾注意卻未能進一步了解杜拉克的人……那麼就從現在開始深入了解吧！

以下是 2009 年在《幾乎日刊糸井新聞》掀起討論話題的對談內容。

1　編注：「初識杜拉克」是於 2009 年 9 月 17 日至 2009 年 9 月 29 日期間，共分成九次，在《幾乎日刊糸井新聞》（ほぼ日刊イトイ新聞）網站上連載。

2　編注：《幾乎日刊糸井新聞》是由系井重里創建的個人網站。該網站以獨特的視角分享日常生活中的事件與思考，為讀者提供靈感和啟發。自 1998 年創立以來，每日點擊率高達 150 萬次，是日本極具人氣的重要生活網站。

比任何推理小說都還有趣

糸井　終於見到您了。

上田　呵呵。

糸井　每次只要聽到上田老師的大名，就一定會聯想到杜拉克。

上田　因為日本國內出版的杜拉克書籍，幾乎都是我翻譯的啊。

糸井　就像是和杜拉克「並肩而行」吧！話說，杜拉克究竟是個什麼樣的人？老實說，由鑽石社[3]出版、老師您寫的《杜拉克入門》（ドラッカー入門；見 p. 268），真的非常受用。感覺上只要看過這本書，就可以大致了解杜拉克。

上田　雖然我自己覺得那本書並不差，不過卻賣得不太好。

糸井　喔？是嗎？

上田　應該是書名取得不好吧！儘管說是入門，內容卻一點都不簡單，甚至還有人說很艱澀難懂。相反地，真正想探究杜拉克的人，似乎就不太會想看「入門」。

糸井　這樣真的很可惜。基本上只要讀過這本書，就可以大致掌握其他杜拉克書籍的內容了。

但沒想到還有人說難懂呀？書上的用字遣詞並不難啊！

3　編注：日本鑽石出版社（Diamond, Inc.）是一家日本的出版公司，成立於 1968 年。該出版社以出版各種類型的書籍、雜誌和其他印刷出版物而聞名。

上田　我也這麼覺得。

糸井　不過就算聽說杜拉克很有趣，又或者真的對他產生閱讀興趣，還是有很多人在得知「杜拉克有很多著作」之後，結果選擇放棄。可是，只因為如此就打退堂鼓，真的太可惜了。其實我就是聽說，上田老師寫的《杜拉克入門》是「杜拉克的引路書」才去閱讀的。

上田　能聽到你這麼說，真的很令人開心。

糸井　首先，要說明我和杜拉克的關係（如何接觸杜拉克的管理學）。過去我一直是個自由工作者，從來沒想過自己會像現在這樣，以組織或團隊的形式工作。簡單來說，我以前就是個「職人」。

所謂的職人，就是只要有一技之長，即可行遍天下。這一直都是我引以為傲的地方。

上田　是的，不難理解。

糸井　因為我是這麼走過來的，所以老實說，我甚至很討厭「經營管理」這個名詞[4]。這個嘛……差不多44、45歲之前都是如此。

我覺得所謂的「經營」或「管理」，聽起來就像是在「壓榨別人」。這是當時我身為自由工作者的感受。所

4　原注：人們往往認為經營管理就是為了賺取利潤。然而杜拉克的想法是，企業的妥善經營管理可以維持社會安定，也就是說，必須讓勞動者有所成長。經營管理、人、社會是相互串聯的，這一點是杜拉克管理學的最大特色。

以我總是認為，那種事情跟自己八竿子打不著。我甚至還覺得，出現在周遭的「經濟」、「利潤」、「企業」等，不應該和「經營管理」放在一起討論。

上田　不應該放在一起討論？

糸井　是的。因為只要一起討論到這些，難免就會牽扯到所謂的「效率」問題。對職人來說，或許就是「水往低處流，人心喜往安易處」吧！畢竟，人總是會下意識地選擇輕鬆又對自己有利的方向，就是那樣的感覺。

上田　原來如此啊。

糸井　不過我在那一段時期，也並不是沒有聽過「杜拉克」的名字，因為他的名字曾經出現在暢銷書榜上。尤其是《斷層時代》（參考 p. 106），這本書的書名還一度成了流行語，不是嗎？所以我真的有打算好好研究一下他的書。不過現在回想起來，當時的我真的什麼都不懂，閱讀起來完全沒有半點真實感受。

上田　就是沒辦法把它變成「糸井的杜拉克」，是嗎？

糸井　沒錯。除此之外，我還看了《下一個社會》（參考 p. 232），甚至還有杜拉克以外的著作，例如艾文·托佛勒（Alvin Toffler）的《第三波》（*The Third Wave*）等……總之大部分的相關書籍我都看過了。

不過，光是閱讀卻沒有半點真實感受，果然還是沒用。而且在似懂非懂的情況下同意作者的觀點，我覺得根本也毫無意義。

上田　這樣啊。

糸井　然後，我在某年的過年去了峇里島。那個時候，我決定再把杜拉克的書翻出來「重讀一遍」，於是就帶了《專業的條件》（參考 p. 214）和《管理〔精簡版〕》（參考 p. 121）兩本書。

除此之外，我還帶了成堆的推理小說，結果你知道發生什麼事嗎？那兩本書居然比任何推理小說都來得有趣！老實說，我自己都覺得不可思議！就在游泳池畔。

上田　啊哈哈哈哈。

糸井　我當時發現自己至今為止從事的「職人工作」，居然能夠和這個人所說的話連結在一起。杜拉克寫的內容，和其他所謂「只要這麼做就能賺大錢」的主題截然不同。重點是，我真的覺得「很有趣」。

更何況基本上，杜拉克的人生本身就是一部恢宏的「歷史」[5]，不是嗎？

上田　而且那部歷史還沒有完結篇。

糸井　沒錯！不管是現在或是未來，都會繼續持續下去。

上田　對，不管是現在或是未來。我認為不論經過五年、十

5　原注：精神分析學的佛洛伊德（Freud）、經濟學的熊彼得（Schumpeter）、凱因斯（Keynes）、英國首相邱吉爾（Churchill）、中興 GM 的總裁艾爾弗雷德．史隆（Alfred Pritchard Sloan）、IBM 創辦人托馬斯．華生（Thomas John Watson）等，多位絢爛 20 世紀的思想家、政治家、經營管理者們，都與杜拉克來往過。

年、甚至是五十年，「杜拉克」的時代永遠都會持續下去。即使所有人都不在了，杜拉克依然永遠存在。

理論遵循現實

糸井 過去，我一直獨自從事「職人」工作，之後才慢慢開始以組織或團隊的形式進行。工作的夥伴從三人、四人、五人……逐漸地增加，然後就在我不得不去思考「經營管理」的問題時，周遭比較了解這方面的人給我建議：「這樣做比較好喔！」結果，最根本的重點部分和杜拉克的話如出一轍。

上田 嗯，我能理解。

糸井 杜拉克管理箴言中，最有名的名言之一應該就是「創造顧客」[6]，即「工作的目的在於創造顧客」。嚴格來說，我就是靠著這句話，讓現在的公司慢慢茁壯成長的。

上田 是，的確看得出來。

糸井 我是從一個單打獨鬥的職人開始起步的，不過當時的我……完全不把經營管理當一回事。幸虧有杜拉克，後來公司的經營管理雖然很辛苦，但卻也讓我覺得十分有趣。

---

6 原注：此言首見於《現代的管理》（臺灣譯作《彼得．杜拉克的管理聖經》）。

上田 其實呀，杜拉克一開始是以「政治學者」的身分發跡的喔！

糸井 可是他現在的頭銜，多半是「管理學者」或「社會生態學者」[7]吧？

上田 有的時候你會意識到，若要打造美好的社會，組織至關重要。組織才是那個關鍵[8]而不是「主義」。

糸井 原來如此。組織才是重點，而不是腦袋想出來的觀念。

上田 有趣的是，大約是 1942 年的時候吧？杜拉克在第二次世界大戰期間所寫的《工業人的未來》（參考 p. 067）中提到：「未來的時代是組織的時代。」可是，杜拉克本身並沒有在正規的企業工作過。

糸井 沒在正規的企業工作過，卻能提出那樣的論點呀？

上田 所以他才會有調查企業組織的念頭，可是，不管去拜託哪間公司，都沒有一家公司同意讓他調查「企業活動」，反而是把他當成怪人，轟出大門。

糸井 喔喔。

上田 然而，當時世界第一的汽車製造商，美國 GM 通用汽車的唐納森．布朗副董事長在看了《工業人的未來》之後，感動莫名，於是便打了一通電話給杜拉克。在那個

---

7 原注：詳情請參考《已經發生的未來》（臺灣譯作《社會生態願景》）。

8 原注：杜拉克認為，既然許多人在工作上均與組織有所關連，那麼組織就是一個影響社會安定與人類幸福的存在。

機緣之下，杜拉克才有機會到這家 GM 公司，進行一年半左右的內部調查。

後來，他將當時的成果彙整成冊為《何謂企業》（參照 p. 074）。這本 1946 年出版的書，為人類帶來了「管理」的觀念。

糸井 當時是意識形態（Ideologie）的全盛時期，可是以政治學者身分發跡的杜拉克，眼中看到的不是靠腦袋思考的「主義」，而是一種具體的「名為組織的有機體」。

上田 正是如此。他從小就覺得「自己是個『觀察者[9]』」。

糸井 也因此他才會自稱為社會生態學者吧。

上田 在那之後，他還被說成是「叛逆的外甥」。

糸井 什麼！這是在說杜拉克嗎？外甥？

上田 我不清楚是從什麼時候開始的，又是誰這麼說的，不過既然被叫作「外甥」，意思應該就是指他對上一輩人的反抗吧？

據說杜拉克的姨丈[10]是位非常傑出的法律學者，奧地

---

9 原注：在堪稱是杜拉克半自傳的《旁觀者的時代》（臺灣譯作《旁觀者》）一書當中，他描述自己以一位旁觀者（＝觀察者）的身分，長久以來觀察時代的變化以及與人的邂逅。

10 編注：此處所描述的人應是漢斯．凱爾森（Hans Kelsen，1881-1973），他是一名奧地利法學家，也是1920年奧地利憲法的起草者。凱爾森於 1940 年移居美國，並在加州大學柏克萊分校擔任法學教授。原文描述他為二戰後的奧地利撰寫憲法應是資訊有誤。根據

利二戰敗後的憲法就是他寫的。這位姨丈在流亡美國之後，好像還擔任過加州大學的法學院院長。

糸井 也就是說，他是個看重主義的人。

上田 沒錯。他就是那種認為法律能夠讓世界變得更好，認定「腦袋能夠創造出」最強法律的人。

糸井 所以他才會「反抗」那樣的人。做得好！那種畫面也太妙了（笑）。

上田 「那種事怎麼可能單憑腦袋就能想到？」因此，杜拉克本人一邊抱持著這樣的想法，同時尋求解決問題的原則和具體的方法論。

糸井 回歸現實的世界。

上田 他還主動拜託經濟人類學家卡爾．波蘭尼[11]：「我可以跟在你身邊嗎？」甚至還跟到人家家裡。反正不管做什麼，他就是想跟人家混熟。

糸井 喔喔。

上田 我最近發現一句杜拉克的話……大約是兩個星期前吧？

Global Peter Drucker Forum，漢斯．凱爾森娶了杜拉克母親最小的妹妹，因此他也是杜拉克家族中的一員。杜拉克曾表示：「我無法忍受漢斯叔叔的超級理性。（I couldn't stand the ultra-rationality of my Uncle Hans.）」

11 原注：卡爾．波蘭尼（Polányi Károly，1886-1964）是《大轉型：我們時代的政治與經濟起源》（*The Great Transformation*）的作者，也是知名的經濟人類學家。杜拉克和波蘭尼認識的時候，年僅18歲。

那句話是「理論遵循現實」[12]，亦即「Theories follow events.」我覺得，這完全就是我們現在話題的典型範例。

糸井 Theories follow events.

上田 杜拉克早在三十多年前就已經在書上提到，「跨國企業」對我們人類來說是有益的還是會帶來困擾？且不問好與壞，「只要跨國企業本身具有意義，那麼跨國企業為我們帶來的，就不只是『跨國』而已。」

糸井 也就是說？

上田 世界市場在趨於全球化的同時，世界購物中心也逐漸形成。正因為跨國企業的存在反映出了這種現況，所以才具有意義。

糸井 原來如此，所以「事實」是重要的，這一點又再次反映了現實。

上田 而且，在他提出這些看法的 30 年前，當時仍沒有全球企業、全球經濟等名詞，可見杜拉克真的相當有遠見。

糸井 如果對照之後的歷史來看，真的是完全符合他提的「理論遵循現實」。

上田 其實我是直到最近才發現這句話的。翻譯他的書翻了這麼長的時間，真是太不負責任了（笑）。

糸井 不會啦！不過，真的很神奇耶！到現在還能有「新發

12　原注：曾經在《管理（下）》（臺灣譯作《管理 — 任務、責任、實務》）第 59 章中出現過。

現」，這也代表他的理論真的十分豐富。

上田　更有趣的是杜拉克的科學家妻子桃樂絲[13]。她說她在杜拉克身邊聽演講的時候，偶爾會有聽不到杜拉克說話的情況。所以她就發明了一種，說話者「能夠知道自己說話有多大聲的裝置」，並且上市販售，雖然她直到 80 歲才創業。

糸井　他的太太也太強了（笑）。

上田　桃樂絲接受雜誌專訪時，記者問道：「您在創業和經營事業上，杜拉克先生應該會給您一些有利的建議吧？」結果她回答說：「他對實務性的問題，可是完全一竅不通喔！」（笑）。

糸井　是喔，他是「杜拉克」耶！

上田　她太太還說：「我先生根本完全派不上用場」（笑）。

糸井　天哪！真是個有趣的故事（笑）。咦……那是杜拉克的信嗎？

上田　是的。我們會透過傳真的方式往來書信[14]，全部大約超過 700 張以上吧？

糸井　有 700 張啊？

13　原注：桃樂絲．杜拉克（Doris Schmitz Drucker，1911-2014），於 2011 年迎接百歲高壽。每週打兩次網球，同時經營自己的公司。

14　原注：杜拉克本人也承認自己的字跡潦草。據說他就算已去寫字教室學習，還是不見長進。

上田 這張是我過 60 歲生日的時候，他傳給我的傳真。

首先寫的是生日快樂，接下來的 “Happy returns and best wishes for healthy and productive additional...” 意思是：「祝你未來的 35 年，健康又幸福」。

糸井 35 年？

上田 而且還是給剛滿 60 歲的我，很有趣吧？他的意思是說：「未來的 35 年，將會是個充滿樂趣的時期。」“You are now entering what will probably be the most satisfied third of your life...” 這意思是說：「會更加富有成效（生產性）、更加滿足，剩下的三分之一人生即將展開」。

糸井 畢竟杜拉克儘管年過 80 [15]，卻依然十分積極地寫書。

上田 30 歲之前是人生的第一期，60 歲之前是第二期。因此，最好玩的第三期就要開始了。他就是這個意思。

糸井 您自己似乎也是抱著這種想法在過生活，對吧？

上田 看到他對 60 歲的我說：「好好享受吧！」光是這樣……我就非常開心了。

利益並不是「目的」。

糸井 我覺得杜拉克的書，可以用「有用的教材」來形容。

---

15 原注：杜拉克自 85 歲以後，九年期間共出版了八本書。他不使用電腦，而是在簡樸的書桌上，敲打著老式的打字機。杜拉克的寫作風格就是如此。

上田　索尼的出井伸之[16]、富士全錄的小林陽太郎[17]、松下電器的中村邦夫[18]，不僅對這些有名的經營管理者，許多人當中都有「他們自己的杜拉克」。

製造大學[19]的畢業生當中有所謂的「宮大工」[20]，他們幾乎都會閱讀杜拉克的書。可見不光是企業的經營管理者，對宮大工來說，杜拉克的書也是非常有益又可用的教材。

糸井　就這個意義而言，不管是經營管理者、上班族、部長、科長，又或者是像我過去那樣的職人，對大家來說都是一樣吧的！無論從事什麼工作，又或者年紀多大……即便非常年輕，只要能夠理解杜拉克所說的，應該就能夠站在「高階主管的角度」去思考吧。

上田　嗯，很有道理。

糸井　而且我覺得，還能讓我發現報紙或電視上的一些「錯誤發言」。看到之後還會不由自主地想說：「哎呀，他說錯了吧？」例如，部分彼此爭奪短期利益的人，他們的

16　編注：出井伸之（1937-2022），日本索尼前會長兼 CEO。

17　編注：富士全錄公司已於 2021 年更名為富士軟片資訊有限公司（FUJIFILM Business Innovation Corp.）。小林陽太郎（1933-2015）為富士全錄的前社長。

18　編注：中村邦夫為松下電器的董事長。

19　編注：日本製造大學（ものつくり大学／Institute of Technologists）是位於日本琦玉縣的一所私立大學，成立於 2001 年。

20　編注：宮大工即修築木構廟宇神社的工匠。

想法不就幾乎都是錯誤的嗎？

上田　嗯，就杜拉克的觀點來說，完全是大錯特錯。有些人甚至還堂而皇之地說：「賺錢有什麼不好？」那樣的風氣真的讓人很反感。

糸井　老師您也這麼認為嗎？

上田　總的來說，所謂的資本主義和自由經濟不過只是「方便」罷了。但總比由做官的來控制市場要好得多吧？感覺都差不多。雖然很「方便」，但是卻非常、非常地脆弱，所以必須好好地教育部分人士才行。

糸井　說得沒錯。

上田　因此像「賺錢有什麼不好？」這樣的發言，卻完全沒有任何財經界的人士提出正面的反駁，對於這種現象，我真的覺得非常生氣。

前一陣子，優衣庫的柳井正[21]在NHK的節目上說過：「我希望那些採取派遣中止做法的公司，可以就此退出市場。」我想現在的財經界，應該沒有人敢說這種話吧？

糸井　可是，我想應該有很多財經界人士，也都是透過《現代的管理》（參考 p. 080 頁）等杜拉克的著作，來學習的

21　編注：柳井正出生於 1949 年，日本迅銷有限公司（Fast Retailing）會長兼執行長。該公司創立於 1963 年，擁有著名品牌「優衣庫」（Uniqlo）。

經營管理吧？

上田　對啊，所以很奇怪，對吧？

糸井　仔細觀察新聞學等領域，也有人把「杜拉克」視為是「老人」的象徵。

上田　沒錯、沒錯，尤其年輕學者特別多。那簡直是愚蠢！

糸井　吉本隆明[22]等人也曾遭受過類似的批評。

上田　我覺得美國最誇張了。只要為了賺錢，企業不管做什麼都可以。而且這種思考方式，還很理所當然似的無限蔓延開來。

糸井　就是說啊。

上田　「善美的超市」[23]的前會長安土敏寫的《小說：超市》[24]，在翻成英文版後，當時就出現過好幾則類似的書評：「這部夢幻故事的書寫前提，就是世界上仍會有好超市。」從中可看出，美國的企業都只在追求自身的利益，所以「該如何明哲保身？」便成為了一個問題，他們才會懷疑「天底下有這麼棒的超市嗎？」

22　編注：吉本隆明（1924-2012），日本著名詩人、文學家與哲學家，以其深刻的哲學思考與作品聞名。他的詩歌和散文作品充滿了富有啟發性的哲理和思考，因此受到了讀者和學者的高度評價。

23　編注：善美的超市是日本一家連鎖超級市場，成立於 1963 年。

24　編注：《小說：超市》於 2004 年出版，該小說以一個虛構的超市為背景，透過不同角色觀點，探討日常生活、人際關係、消費社會等主題。小說以幽默和諷刺的手法，反映現代社會中的一些普遍問題，包括商業化、消費主義和人際關係的複雜性。

正因為如此，「經營管理學」才會成為一門教授學科，也就是所謂的「MBA」。

糸井 是的。

上田 事實上，雖然這門學科投入了大量的人力和經濟資源，大家也努力地研究學習，還開發出各種理論，但仍舊無法打造出像樣的經濟社會。

所以我大概也能理解，為什麼最近市面上會出現那麼多「摒棄 MBA」或是「MBA 滅亡公司」之類的書籍。

糸井 另一方面，讓我覺得很「困擾」的是，那種類似道德綁架的精神主義批判。也就是說，這種用「倫理」仲裁的方式，與透過「理念」、「主義」或「理論」來促使人類採取行動的企圖，完全是一樣的。

上田 嗯、嗯，我能了解。

糸井 無良政客是否可能搞好政治，我認為這是值得討論的。不過在道德束縛下，感到最困擾的，還是我們這些老百姓和小生意人。因為人類沒辦法做得那麼「正確」。

上田 說得沒錯。

糸井 如果觀念上認為，只有完成許多恢宏事業的人，才能夠打造出幸福社會，那麼人類恐怕永遠什麼都做不了。可是，某些人的思考方式就是那樣吧……所以我才覺得杜拉克說的話，更能讓人感受到他思想的「豐富」。

上田 杜拉克經常會拋出這樣的問題，那就是：「你希望因為什麼被人們記住？」[25] 這是每個人都應該思考的問題，想一想會希望自己的朋友、熟人、以前的同學、妻子、孩子或孫子等記住自己什麼。

糸井 儘管這並不是攸關天下國家的重要問題，不過也不能等閒視之吧！

上田 您說得是，不管做什麼，並不一定得非要是聖人君子……

糸井 才做得來。

上田 如果 MBA 沒辦法教我們那種事，那還是只能靠「杜拉克」教我們了。我們到底該怎麼做，才能創造一個讓生存在社會的人們能夠自由、在工作上展現長才、感覺幸福的世界呢？杜拉克之所以會開發出「管理」，就源於那樣的動機。

這就是為什麼在杜拉克的「管理」中，不會出現「賺錢」這兩個字的原因吧。

糸井 啊啊，原來如此。也就是說，利潤並不是他的「目的」。

上田 沒錯。企業就相當於社會的公共財，利潤只是企業發揮社會功能的條件……所以「利潤是條件而不是目的」[26]。

---

25 原注：深刻影響杜拉克人生的一句話，出現在《非營利組織的管理》。

26 原注：這句話和「創造顧客」同樣為杜拉克的名言，首次見於《現代的管理》。

您的書太厚了

糸井 老師當初是在什麼機緣下，開始接觸杜拉克的書呢？

上田 1973年的時候，因出版社為要找好幾個人共同翻譯《管理》（參考 p. 115）這本書，就問我要不要加入團隊，所以我就緊緊抓住那個機會。

糸井 這麼說，就是巧合囉？

上田 嗯。不過在翻譯結束後，這本書出版的時候，我寫了封信給杜拉克。我在信裡面寫道：「老實說，這本書真的太厚了」。

糸井 是喔……（笑）。

上田 因為真的是超級厚。原文書有800頁，但沒想到翻譯本多達1,300頁。由於內容有部分重複，我覺得應該省略掉那些部分出精要版，於是我就直接寄了一份原文書的刪減版給杜拉克，然後問他：「要不要以抄譯[27]的形式出版？」

糸井 是喔……。

上田 然後他回答：「那就做吧！」所以後來完成的就是《抄譯管理》。這本書就是至今仍當作大學教科書《管理

---

27 編注：日文的抄譯（抄訳）指的是節選或摘要原文的內容，同時還保留原文的核心思想和資訊，之後再進行翻譯，以便讀者更容易理解。

〔精簡版〕》（參考 p. 121 頁）的原始版本，不過在製作抄譯版的時候，只要碰到不了解的地方，我一定會問清楚。

糸井 問杜拉克本人嗎？

上田 沒錯。不論什麼大小細節我都會問，他甚至還說道：「這個叫上田的人，居然看得那麼仔細！」後來感覺上，他好像很信任我。

糸井 這麼說，如果沒有那個意外的提議⋯⋯。

上田 我應該就不會和杜拉克有任何關係吧！看來大小事都問，也是很重要的。

糸井 那是因為您對杜拉克說的話有興趣，所以才會問的吧？

上田 不是，我只是因為不懂，所以才問的。

糸井 真的是這樣呀！

上田 我在經團連（日本經濟團體連合會）任職時，曾經被上司罵到臭頭，上司很火大地說：「不懂就要問！」

我那時剛到經團連還不久，負責處理柬埔寨協會的事務時，有一位職級很高的外交官給了我一份原稿。雖然我覺得內容「有點奇怪」，但既然是高級官員寫的原稿，應該不會有什麼問題吧？於是就直接把原稿刊登到官方雜誌。

結果有一位平常老是喝醉酒，又愛因為宿醉請假的次長卻突然出現⋯⋯。

糸井 是、是（笑）。

上田　他把腳放在辦公桌上，一邊翻閱那本雜誌。然後，他在那個「有點奇怪」的地方停了下來，抬起頭問我：「這是什麼意思？」「呃，這個我也不是很清楚……」聽到我的回答後，次長馬上大發飆！

從那之後，我就決定絕對不讓不清楚、不明白的事，從我的辦公桌前溜過。後來我只是將這個原則，應用在杜拉克身上而已。

糸井　所以您一開始對杜拉克並沒有特別感興趣，對不對？又例如那些經營啦、組織啦，又或是管理之類的。

上田　當時真的完全沒有呢！

糸井　不過，也多虧有那些原則，您之後才能持續不斷地翻譯杜拉克的書籍，對吧？

上田　是的，所以杜拉克 1973 年之後的作品，全都由我翻譯；而且還回溯到以前的《旁觀者的時代》（參考 p. 135），就這樣愈翻愈多。

糸井　原來是這樣啊。就在您詢問書中內容的矛盾處或疑點時……

上田　因為對譯者來說，最可怕的事莫過於，被懂英語又了解內容的人質疑說：「你不覺得這段譯文很奇怪嗎？」所以，我才會打破砂鍋問到底。

糸井　原來如此。

上田　另一方面，大概也是我對翻譯工作感到愈來愈乏味吧。

糸井　啊！因為您會選擇比較保險的譯法。

上田　嗯，別說是選擇比較保險的譯法了，甚至還對原文的意思產生困惑。就像「Good Morning」不能再翻成「おはようございます」[28]。

糸井　所以要翻成「良い朝」[29]？

上田　沒錯。

糸井　這樣啊。

上田　真的就是這樣。要是有人問：「到哪個部分是『おは』？從哪裡開始是『よう』？」我也答不出來呀，不是嗎？

糸井　哎呀，還真是有趣耶（笑）。不過，是的……我明白了。所以您會認識杜拉克，真的是純粹出於偶然。

那你自己是從什麼時候，開始對杜拉克的著作產生共鳴的呢？

上田　應該是最近。

糸井　「最近」嗎？

上田　我以前是個徹頭徹尾的「笛卡爾追隨者」[30]，面對所有

28　編注：日語「おはようございます」中文一般都翻成「早安」，但其實對日本人來說，這是一句 24 小時都能說的話，通常是在當天「第一次」見到同事、上司時，習慣會說的問候語。

29　編注：「良い朝」是日語中的短語，即英文的 Good morning，是一種常見的問候方式，用於早晨與人打招呼。

30　原注：17 世紀的哲學家笛卡爾認為，透過「理性」也就是「邏輯」可以了解世界的一切。這種想法在之後支配了整個世界，具有某些意義的事物，就會被視為有因果關係和量化。

事情都抱持著絕對理性。

糸井 所以簡單來說，就是杜拉克說的內容和自己的譯文，沒有絲毫矛盾並且完全吻合，才是最重要的事情，對吧？

上田 因此剛開始我只是忠實地翻譯。但經過一段漫長的時間後，不知道從什麼時候開始，杜拉克說的話和我說的話，就慢慢同步起來了（笑）。

糸井 您有時候還會填補杜拉克不小心遺漏的地方（笑）。

上田 啊，還真的有過呢！杜拉克也曾說：「譯者才是最了解這本書內容的人，甚至超過寫書的作者。」事實也是如此，因為字字句句我都讀得非常仔細。

雖然不知道為什麼

糸井 總之，我們閱讀的「杜拉克」，其實就是「上田老師的杜拉克」。那您在翻譯的時候，會特別留意什麼呢？可以舉個例子嗎？

上田 嗯，這個嘛……我在翻譯的時候，總是會經常假設：「如果杜拉克會日文的話，他會怎麼說呢？」
例如，要是杜拉克的話，他會在此處說「非常美麗」？又或者是簡單地說一句「美麗」？如果是英文，在比較過「very beautiful」和「beautiful」之後，若要問哪一個比較美，當然是帶有「強調副詞」的「very beautiful」比較美。

糸井 是的。

上田 可是日語的話，「美しい（美麗）」和「とても美しい（非常美麗）」，反而是「美しい」給人的感受更美。雖然感覺有點矛盾，但事實就是如此。因為日語裡的「非常美麗」，其實並沒有十分美麗的意思。

糸井 原來如此，受教了。

上田 因為英語和日語有這樣的差異，所以這裡的「beautiful」應該翻譯成「美しい」？還是要翻譯成「とても美しい」呢？也就是說，究竟是絕對的美麗？還是相對的美麗？我會進一步思考背後真正的意思，再進行日語的選用。

糸井 感覺真是有趣。

上田 嗯，既然身為一名譯者，從某程度來說，我覺得就是會有這種情形。不過，我個人則是專屬於杜拉克。

糸井 不是有一本書叫《杜拉克的 365 金句》（參考 p. 247）嗎？那本書每日列出一句杜拉克名言，然後分成 365 天。所以，就算把杜拉克講過的話，精簡成類似這樣的短句，好像也沒什麼太大問題。

上田 是啊。

糸井 我認為這種編排真是太厲害了，居然可以切割成短句，然後編成一本「金句」。我想您當時也煞費了一番苦心，請問您翻譯這本書的感想如何？

上田 嗯，這個嘛……「您的著作很多，但要從哪一本讀起才好呢？」面對這樣的問題，我想連杜拉克本人都答不出來。畢竟他在六十多個年頭裡，也已經寫了 40 本以上的書。

糸井 說得也是。

上田 就算你問他：「您最有自信的著作是哪一本？」他也總是回答：「下次要出版的那一本。」在這個意義之下，杜拉克說《杜拉克的 365 金句》，就是「用來回答該從哪本書開始讀起的書」，因為那本書是從管理、社會論、創新……各類著作中節錄下來的精華。

糸井 感覺很超值耶！

上田 書中的前言應該提過，這是本非常適合用來實踐的「行動書」。

糸井 老師不是杜拉克的「分身」嗎？只要是杜拉克的事情，您似乎都瞭如指掌，感覺上只要問您就對了，因為您的想法似乎就跟杜拉克相同。所以他在哪裡說過些什麼，您似乎比他本人更清楚（笑）。你是如何「解讀」杜拉克的語言的呢？

上田 我不做任何解讀。因為我徹底認為，世界上本來就有「各式各樣的杜拉克」。例如有松下電器詮釋後的杜拉克、索尼理解後的杜拉克、宮大工實踐後的杜拉克等。所以我從不做任何「解讀」。或許可以這麼說，我就只是看著杜拉克和某人的真實體驗，逐漸地連結在一起罷了。

不過，若今後美國的經營管理者們，能夠開始撰寫「各式各樣的杜拉克」，那就太棒了！因為現在還沒有人撰寫過那樣的內容。

如果向杜拉克學習過的經營管理者們[31]，能夠以回顧自己前半生的方式，開始跟大家分享「杜拉克與我」……就某種意義來說，「那依然是杜拉克」。

糸井 原來如此。

上田 對了，說到翻譯，杜拉克經常用「雖然不知道為什麼」這句話。但其實背後的意思是：「我已經等不急要找出原因了」。

糸井 原來如此。也就是說，「因為事實就是如此」。

上田 沒錯。雖然不知道為什麼，但事實就是如此。因此，杜拉克會針對那個事實，提出行動原則和具體的方法。

糸井 那句話用英語要怎麼說？

上田 這個嘛……（笑），這是我自認為最不擅長的部分。每次只要有人問我：「原本的英語是什麼？」我總是答不上來。

糸井 真的喔？真是不可思議（笑）。

上田 真的啊！呃，可能是……「I don't know the reason」之類的吧？

31　原注：GE 的傑克．威爾許（Jack Welch）、英特爾創辦人安迪．葛洛夫（Andy Grove）、寶僑（P&G）的執行長賴夫利（A. G. Lafley）等，不勝枚舉。

糸井　這句片語生活中會經常出現嗎？

上田　感覺還蠻常出現的。

喔！原來這也是杜拉克

糸井　稍微換個話題。我有在種植蔬菜，所以曾經受邀參加蔬菜相關的討論會，可是出席的老師們，一直在談論「安全性」和「地產地消（當地生產，當地消費）」。

就拿「地產地消」來說吧，就算有辦法努力做到「地產」，但是如果當地的經濟不夠好，往往就很難達到「地消」。所以，就會邀請大家去能夠地產，卻無法地消的區域購買蔬菜。即使如此，但那終究只是個「理念」，不是嗎？

上田　是啊。

糸井　另一方面，德島有家叫做「彩（いろどり）」的公司。這家新創公司的成立，就是為了把當成生魚片配菜「葉子」，銷售至都會區。這種方式算是地產地消的逆向思考吧！找出需求，也就是找出會消費「葉子」的場所，然後再進行販售。

再回到前面的蔬菜話題，雖然「安全性」和「地產地消」也非常重要，但最根本的關鍵點應該是「不好吃的蔬菜就賣不出去」。

上田　因為沒有需求。

糸井　反過來說，就算「地產地消行不通」，但事實上「只要蔬菜夠好吃還是賣得出去」。

上田　事實的確如此。

糸井　然而，有時候根據老師們的思考方式，他們可能會先考量到「問題不在於不好吃的東西賣不出去」、「不安全的食物不能吃」之類的觀點。

他們的考量或許一點都沒錯，可是若只顧慮這些，根本就不會進步。

所以，我認為在談論「地產地消非常重要」的同時，也應該要一併思考「不好吃的東西賣不出去」的問題。

上田　因為「好吃或不好吃」才是市占率的推手。

糸井　沒錯，就是這麼回事。

上田　理論往往都擺第一，而事實則會被放到最後。

糸井　正因為「蔬菜好吃就賣得出去」這個「event」很重要，所以「theory」才能追在後頭跑。安全固然重要，但不好吃的蕃茄是沒人願意消費的。

所以最重要的環節還是在於「創造顧客」。

現在和老師這麼一聊，我才發現，「原來這也是杜拉克」。

上田　我覺得杜拉克囊括的題材真的非常豐富。

糸井　所以，如果現在能有更多人閱讀杜拉克，我想各方面的事物應該會變得更加順利。

上田　不過，我發現閱讀杜拉克的人還挺多的，超出我的想像。偶爾也會在電車上看到閱讀杜拉克的人。

還有剛剛也是，在來這裡的路上，有個陌生人出聲叫住了我。當時，他拿著我的書跟我說，他在哪裡聽過我的演講，而且剛買了書之後就遇到我（笑）。

糸井 或許不多，但我們原本就希望能在書籍銷售方面盡些綿薄之力。我不擅長處理理論之間的思辨問題，所以我想用我們自己的方法[32]去做。

上田 那真是太感謝了。

糸井 不管如何，原本不打算成為社長的我，總算在「杜拉克」和「吉本隆明」的引導之下，好歹也一路走到了現在（笑）。

上田 糸井先生自己也改變很多吧？過去當職人的時候，和在公司組織工作的現在，已經變得截然不同了吧？

糸井 單獨從事職人工作的時候比較輕鬆呢！不過，現在的狀況則是比較有趣。我發現和各式各樣的人聚在一起工作，真的會比較有趣。老師您認為呢？

上田 應該會變得愈來愈有趣吧！

糸井 老師您現在……

上田 70 歲。

---

32 原注：《幾乎日刊糸井新聞》的連載當中，另有一讀者參加類型的附屬專欄：「杜拉克酒吧」。專欄的風格或許有點另類（？）也說不定。請詳見：www.1101.com/drucker/（即本篇對談的原文網站）

糸井　那麼，距離杜拉克傳真祝賀您生日快樂的時間已經……。

上田　已經過了整整十年了。

糸井　是嗎？愈來愈有趣了嗎？

上田　嗯，我覺得 60 歲到 70 歲的這段時間，感覺就像是為了現在做準備的時期。

糸井　真好。對了！老師您除了杜拉克之外，還有接觸其他的作品嗎？

上田　沒有，完全沒有。

糸井　一心一意，您真的很了不起耶（笑）。

上田　不是，其實我也很困擾。目前我每天大約花十小時在寫作，基本上很難騰出時間來閱讀。

糸井　十小時嗎？真是太厲害了！話說回來，老師有想閱讀的書嗎？

上田　有，非常多，可是想讀的書都被我晾在旁邊。等我終於要拿出來讀的時候，大概已經又過了十年了吧。

糸井　這種感覺就像是在雕刻一尊巨大佛像一樣呢！

也許是位藝術家

糸井　杜拉克不是曾經談論過時間管理[33]的問題嗎？

33　原注：若欲獲得成果，就必須要有專注的時間。杜拉克建議記錄下時間的使用方法，捨棄不必要的工作，以及不會帶來成果的工作。

其實，我對那個……不怎麼感興趣。

上田　啊，就是那個如何運用一天的時間、即時做記錄、然後再重新檢討的問題。也就是必須找出不會帶來成果、只會造成時間浪費的工作，然後馬上把那些工作剔除。

糸井　這樣很奇怪吧？要那麼精確地管理時間，至少對人體來說是不正常的吧？所以杜拉克寫的那部分內容，我都不會去看（笑）。

上田　杜拉克本人其實相當現代[34]，事實上他是非常講究邏輯的。尤其是他早期的兩本著作《「經濟人」的終結》（參考 p. 060）和《工業人的未來》（參考 p. 067），就非常地「符合邏輯」。當有人指出杜拉克這一點時，他就會說「因為還太年輕」。

糸井　是這樣嗎？（笑）

上田　所以在談論經營管理的方法時，儘管他會說「整體並非部分的總和」[35]，但他卻又常會用分解要素，然後加以重組的現代方法論。

糸井　基礎的部分就是那樣吧！可是，另一方面令我印象頗為深刻的，就是《旁觀者的時代》（參考 p. 135）的內

34　原注：此篇對談中提及的「現代（Modern）」，是指透過邏輯理解一切的近代理性主義思想。

35　原注：能夠改變明天的重要變化，無法透過部分積累來求出量化。必須從整體去檢視各種要素的相互關係，並將重點放在質量的變化才行。這便是杜拉克的想法。

容，是從那篇「老奶奶的故事」開始。

上田　嗯，杜拉克寫的「奇特的老奶奶」。

糸井　可愛的老奶奶雖然有點傻傻地，但其實她的行動卻抓住了 20 世紀的精髓。這樣的開頭讓我覺得，「杜拉克」的風格，應該就是如此吧。

這不同於他先前援引現代來談論某一面向，而似乎是透過「人物」的描繪，來傳達時代的本質和意義。我覺得這一點，正是他充滿魅力的部分。

上田　杜拉克本身好像很喜歡這本書，他在書籍新裝版的前言也寫道：「聽到有人說，這本書是我作品中最有趣的一本，我真的非常開心」。

糸井　這就是為什麼，我沒辦法在那種只強調杜拉克「現代的一面」，遵循類似杜拉克原理主義的公司工作的原因吧……雖然工作效率可能有所提升。

就拿我的公司來說，員工就算遲到，我也不會特別指責；對於自願加班的人，我也是先歡喜地的放在心中。當然，這一切都是在「不觸及法律的範圍內」。畢竟比起在嚴格受限的時間內工作，我覺得這樣才能夠讓環境變得更加有趣。

上田　或許真的是這樣呢！

糸井　我從杜拉克那邊學到了很多，不過學到的部分與其說是「應用」，我倒覺得已成為符合個別需求的「客製化」呢！基本上，我是以杜拉克和吉本先生所說的理論為基礎，不過之後要如何發展出能夠永續經營的組織，就必須靠自己發明了。

上田 所以，最後就發展出「各式各樣的杜拉克」。就是杜拉克會和當事者的實際體驗串聯在一起。

我認識一位非常喜歡杜拉克的小姐，她因為在書上畫太多重點，可能畫到完全沒有地方能畫了，因此擁有多達三本的《管理者的條件》（參考 p. 101）。實際上也有這樣的人呢！

糸井 好驚人喔（笑）。

上田 那位小姐原本在大阪當粉領族，但是她說公司附近沒有女性能夠輕鬆光顧的餐飲店，全都是些時尚義式料理之類的餐廳，完全沒有販售鹽烤鯖魚定食、秋刀魚定食等的小吃店，這讓她覺得很奇怪。於是，她就開了一家健康風的玄米咖啡廳。開業經營了二、三年之後，似乎一切都很順利。

不過她也在想，難道這家店無法再更上一層樓嗎？能否打造出讓員工更有向心力的工作環境……就在此時，她遇見了杜拉克，而且她似乎也被「發掘自己的優勢」[36]這句話啟發感動。

糸井 喔喔。

---

36 原注：自《現代的管理》之後，杜拉克就在各本著作中，強調「發展個人優勢的重要性」。

上田　於是，她就把重點放在員工本身的「優勢」，然後再依照員工的強項考量人才配置，以藉此提高業績。員工們也相互認同彼此的優勢，然後善加發揮各自的長處。沒想到後來的四年間，店裡的營業額提高了十倍之多。

不過，這麼明顯的成功案例或許不常見吧。

糸井　以前我問過 UNIQLO 的柳井先生，「你的經營管理之道是在哪裡學的？」他的回答是「書」。現在回想起來，他說的書應該就是杜拉克吧！

不過，他說閱讀的時候還太年輕，很多部分都不太能理解。

在似懂非懂的情況下，即使只記得「創造顧客」這句話，但對才剛在地方都市繼承服飾家業的年輕管理者來說，靠著那句話就能堅持努力一段時間吧。

上田　啊……原來如此。

糸井　杜拉克或許就是這樣，他的語言充滿了魅力不是嗎？作為一位學者，他真的遠勝於其他人。讀他的文字，幾乎就像在讀一本小說。

上田　畢竟他是個「作家」吧，所以他觀察人的眼光才會特別敏銳，他原本希望能成為一名小說家的。其實他也曾經寫過小說[37]，雖然我沒翻譯過（笑）。

37　原注：日文版為《最後的四重奏》（1983；臺灣譯作《最後的美好世界》）、《行善的誘惑》（1988）。全都是 70 年代之後的作品。

糸井　總之，從廣義的角度來看，或許他也算是個「藝術家」呢！

 初識杜拉克，開始

糸井　今天真的聊得非常愉快，能夠跟您會面，真的是太光榮了。我甚至還想過，要不要偷偷潛入老師授課的製造大學[38]旁聽。畢竟，你們的關係更勝於「福爾摩斯與華生」不是嗎？一開始我還覺得您很陌生：「這個人是誰呀？」深入了解後覺得「根本就是杜拉克本人嘛！」（笑）

上田　您言重了。

糸井　我還在想，要不要把今天的談話內容，彙整成〈初識杜拉克〉的連載，藉此跟更多的讀者分享。然後用「就先從這裡開始如何？」像這樣的感覺來介紹杜拉克。

倘若讀者產生興趣之後，接著再閱讀上田老師的《杜拉克入門》，這樣不是很棒嗎？至少在我的公司，我會把他列為必讀書籍。

上田　啊，太謝謝你了。

糸井　我真的很想好好地運用這本書。內容十分親切，可以感

38　原注：以培育技術人員為目標，於 2001 年開設。英文名稱是「Institute of Technologists」由杜拉克命名。

受到老師的熱情，而且還能系統性地了解杜拉克。我覺得這本好書應該要更暢銷才對。

上田　那麼，如果由糸井先生來要修訂這本書，您會怎麼做呢？希望您能提供一些建議。

糸井　這個嘛……我是姑且有一個方法。我之前去拜訪吉本隆明先生，把自己在那裡聽到的許多內容，彙整成一本叫作《惡人正機》[39]的書。

我在那本書裡的各章節開頭，放入了連國中生都看得懂的淺顯文章，用來介紹「本章節內容大致是如此」，就像是開了一扇小小的「方便之門」那樣……。

上田　喔。

糸井　《杜拉克入門》也可比照辦理，只要讓讀者事先掌握重點，了解「這篇文章要講述的是這些內容」、「希望大家閱讀的是這個部分」等，我想讀者就能快速地找到閱讀方向。

換句話說，就是透過這種方式幫讀者鋪一條「路」，況且書中的內容又很充實，所以這樣或許就十分足夠了。

這本書就從〈初識杜拉克〉連載開始。如果您未來有機會出版增補修訂版的話，歡迎隨時找我幫忙。

上田　啊，是嗎？那真是太開心了。

39　原注：吉本隆明、糸井重里共同著作的《惡人正機》，由新潮文庫出版。

糸井 老師您現在的工作，花費最多時間的是什麼呢？

上田 翻譯吧！兩本要翻譯的書籍，再加上兩本自己寫的書[40]，還有在《鑽石週刊》[41]連載的專欄〈三分鐘杜拉克〉，今後預定要彙整成冊。喔，對了！現在我的頭銜都會被寫成「翻譯家」。

糸井 和以前不一樣嗎？

上田 以前寫的都是製造大學名譽教授、立命館大學客座教授、經團連 NANTOKA 部長之類的。不過，前陣子首次出現「翻譯家」，真的令我覺得很開心！

糸井 頭銜變成「翻譯家」，然後覺得「很開心」……可見老師您真的很喜歡翻譯耶（笑）。

（終）

---

40 原注：《贈送給管理者的五個提問》（経営者に贈る5つの質問）、《〔英日對譯〕決定版杜拉克名言集》（〔英和対訳〕決定版ドラッカー名言集）、《杜拉克超越時代的語言》（ドラッカー時代を超える言葉）、《實踐的杜拉克（思考篇）》（実践するドラッカー〔思考編〕）等。

41 《鑽石週刊》（週刊ダイヤモンド）是日本知名商業週刊雜誌，以其深入的商業分析和報導而聞名。

目錄

| 前言 |

激發行動力的推手「杜拉克」

邂逅改變讀者的《現代的管理》

杜拉克教導我們如何經營事業、如何看待事物、組織應有的形式、工作方法，為的就是要實現更美好的社會。這些不僅適用於政治家、公務員、學者、評論家，對於企圖採取行動的每個人來說，都是非常重要的事情。

杜拉克所稱的事業不光是指商業，而是更廣泛地包含所有「主動創造」、「採取行動」、「實現目標」在內。杜拉克從本質上教導了我們什麼是事業，以及如何經營管理事業。

我和杜拉克的邂逅，可以追溯到他談論管理的第一本著作《現代的管理》。我遇到這本書的時候還是個大學生，從此以後在我歷經學生、團體職員（經團連和製造大學設立籌備財團）、大學教師、文字工作者等人生階段，一路走來都有杜拉克教導我。他的教導對我來說，無異是一門「完整的事業」。

因為咳血的關係，我在療養院住了一段時期，所以花了五年的時間才從高中畢業。上大學一年級的時候，我偶然拿到了一本商業類暢銷書《現代的管理》，便深深地著迷。當時我的讀後感是：所謂的文明就是事業的堆疊；於是我產生了想寫類似這樣一本書的想法，接著便自行開始著手收集資料。當初蒐羅《讀者文摘》過刊的情景，我至今依然記憶鮮明。

不過，事情並沒有想像中的順利。為什麼呢？因為除了寫書之外，還有其他更令我著迷的事情。沒錯，《現代的管理》改變了我這個讀者。只要覺得「有價值」，就會不自覺地採取行動「親自動手做」；只要認為「有價值」，一切都可能成為一門事業。

爾後，我從不同讀者那裡收到了「杜拉克是幕後推手」的反饋，例如：「在背後推自己一把」、「讓人不由自主地行動」。杜拉克不單只是讓我們知道，事業必須具備環境、使命、優勢之類的知識，同時還會激發出我們的行動力：「來吧！為了那份事業，馬上行動吧！」

首次「事業」是橫跨美洲的免費旅行

大學二年級的五月連續假期，我毫無計畫地順道臨時去拜訪小學時期的朋友家，然後我們倆就這樣沿著荒川的堤防兜風。結果，也不知道是誰先起的頭，我們突然聊起「想去美國」的話題。

當時，日本有外匯配額限制。透過出口賺取的外幣，必須用來進口能賺取下一波外幣的資源或機械。儘管當時是 1 美元兌 360 日圓，日圓匯率偏低的固定匯率制，但仍經常出現美元短缺的現象。撇開有特別任務在身或已找到出國時的身分保證人的情況不說，讓單純想前往美國進行國際交流的學生使用外幣，根本就比登天還難。

這下子該怎麼辦才好呢？如果用杜拉克式的話來問自己，那就是「該怎麼把這個正的變成圓的呢？」

首先，我們在當天找了我們倆的共同朋友，讓赴美部隊變成三個人。雖然第三位隊友之後因為某些原因而放棄前往美國，不過他仍以小隊長的身分持續指揮到最後。

接著，為了籌措當前的活動資金，我們借用了 Athénée Français[1] 的留言板，販售靈格風[2] 的法語會話教材。當然了，我們從5月6日之後就開始翹課，全心全意地投入美國行計畫。

隔週，我們前往東京・芝公園的美國文化中心的圖書室，購買了無印字的美國白地圖。我們在白地圖上畫出大大的圓形，然後把位在線條上城鎮內的所有大學、短期大學、高中，共計 250 所學校製作成表。另外，既然沒有出國時身分保證

1 編注：Athénée Français 是一所位於日本東京的法語學校，創立於 1913 年，是日本最早創立的法語學校。

2 編注：靈格風（Linguaphone）是一間提供「外語學習計劃」的跨國公司。

人，那就自己找吧！

然後我們還寫了一封信，大意是：「我們兩位來自日本的大學生，希望以國際親善暨國際交流的名義拜訪貴校，談論日本的產業與文化。貴校只需協助處理我們滯美期間的食宿即可。」這封信的內容，我們拜託認識的教會神父幫忙翻譯打字，甚至連油印機都派上用場，最後一共寄出了250封信。為了充分利用前往美國北部的機會，所以我們還納入了幾所加拿大的學校。

結果，一共有47所學校回覆「歡迎，非常歡迎你們蒞臨」。只要在地圖上標示出這47所學校，就會發現這些學校，全都位於轉乘灰狗巴士即能抵達的位置（其實這是理所當然的，因為當初我們就是從那些路線挑選學校的）。

說個題外話，這種感覺似乎也跟杜拉克的論文集有異曲同工之妙。儘管杜拉克的書籍內容多元且豐富，但是一切都是那麼地井井有條，就像是打從一開始就安排好似的。當然，那是因為杜拉克最初就已經在腦海中擬好整體的構想，然後再依照構想選題，以回應來自《富比士》、《哈佛商業評論》、《外交事務》等各種雜誌的專欄邀稿。

杜拉克說過：「雜誌論文就像是電影預告。」他會觀察讀者們對預告的反應，然後再透過編修潤飾把內容彙整成冊。

那麼再回到原本的話題。就這樣，我們兩人取得了前往美國大學、短期大學、高中，共計 47 所學校的身分保證。我們也分別向各自就讀的大學申請了推薦函。

「有鑑於現今的國際情勢，更顯出此次的旅行是深具重大意義的偉業，請務必給予協助，僅此推薦並敬請多多指教。

西元 1960 年 6 月 28 日

慶應義塾大學經濟學部長　小島榮次」

我還清楚記得，當我們拿著這些推薦信函去海外旅行審查會的窗口日銀（日本的中央銀行，簡稱日銀），向承辦人員提出外幣申請時，行員瞪大眼睛說：「我還是第一次看到這種企劃」。

那個時候，我們拿到了海外旅行審查會的委員名單，有財政部、外交部、教育部、經濟部、農林部、經濟企劃廳、科學技術廳等，各機關負責的官員共計有十名之多。從大學生的角度來看，全都是高不可攀的傑出人物。當時，正處於安保鬥爭[3]的示威期間，我們穿過學生的示威遊行隊伍，開始拜會各機關的專責官員，並向他們說明：「下次的審查會中，我們將

3　編注：安保鬥爭是指反對《日美安保條約》簽訂的日本大規模示威、反政府及反美運動。安保鬥爭首次發生於 1959 年，並於次年結束。

會提交各申請文件等，敬請多多協助。」

引導人生「主動創造」[4]

某天，我接到日本銀行通知「審查已經通過，請過來領取資料」的電話。我們分配到的美金額度是每人 536 美元，這下子出國計畫便正式確定了。

然而，就某種意義上來說，此前的行動只不過是做準備，真正的挑戰才剛要開始。儘管我們已經拿到了護照，但我們根本沒有旅費，更別提橫跨美洲大陸的巴士費用了。

於是，我們前往日本經濟新聞社總公司的櫃台，請求跟記者會面：「我們預定到美國進行國際親善活動，希望能向貴社的人員或記者說明此行」。

最後，雖然我們完全沒有預約，但是報社還是派了位新人記者出來接待，並對於我們的構想表現出濃厚的興趣。隨後的兩天，也就是 8 月 13 日。日經新聞晚報第三版的右上角出現了一則標題：「兩位年輕學子的夢想成真／『加拿大、美國的點與線之旅』／巴士接力訪問 47 所學校發表演講」，同時還刊登了一張我們三個人指著美洲大陸地圖的照片。

4　編注：日文的「事を起こす」（此處譯作「主動創造」）即表示採取行動，做出決策，並強調了主動性、積極性和創造性，意味著透過自己的努力和行動來改變、影響或引導事情的發展。

於是我們馬上跑去有樂町、銀座、八重洲、丸之內、大手町地區的書報攤買了 80 份報紙回家，打算拿來當作募款的媒材。

我唯一有門路的組織機構，就只有自己唸的大學。所以我便去拜訪慶應義塾的塾監局[5]，找在入口附近辦公的女事務員商量：「因為我們幾人要前往美國進行交流，想請學校贊助，能不能讓我見校長一面？」結果，從塾監局的大辦公室後面的小房間，走出來了一位很像教授的人，並對我說：「校長現在出差不在，有事就跟我說吧！」

於是，我再次針對國際交流與產業文化的學習進行說明，同時也拿出事先購買的日經晚報給他看。沒想到那位教授拿出好幾張名片之後，還洋洋灑灑地幫我寫了多封介紹信給味之素[6]、大洋漁業（現在的 Maruha Nichiro）[7]、服部鐘錶店[8]。那位教授的名片上面印著「理事 氣賀健三」，後來我才知道，

5　編注：即統籌學生事務的單位。

6　編注：日本一家食品製造商，以發明味精及製造各式增味劑著稱。

7　編注：大洋漁業建立於 1880 年，後改名為 Maruha（マルハ）。2007 年與日魯漁業合併成為 Maruha Nichiro Corporation，是日本規模最大的水產加工食品製造公司之一。

8　編注：服部鐘錶店創立於 1881 年，是日本最古老和最知名的鐘錶零售商之一。創始初期以進口鐘錶的販售為主，爾後著手製造與販售，慢慢擴大事業版圖，為精工鐘錶王國奠定基礎。

他是專攻馬克思經濟學的大學者。

與此同時，我的隊友們則是在一橋大學和歌舞伎學生聯盟之間奔波。

除此之外，我們還去拜訪了位於丸之內大廈的東京扶輪社、經團連、日經連、經濟同友會的各事務所。帶在身上的資料，則是兩所大學學院院長寫的推薦信函與前述日經晚報的報導。扶輪社在兩星期後有了回應，他們在月例會席間，以創立50周年事業的名義，捐助了十萬日圓獎學金給我們。經團連以下等經濟團體則是沒有回覆。無論如何，我們總算是籌措到相當於536美元的日幣（1美元相當於360日圓）遠遊資金了。

一旦走到這裡，剩下的工作就只有交通費了。我們去拜託經營南美航線移民船的大阪商船，請他們給予我們半價的船票折扣。儘管他們最初堅決地表示：「基於海運公司之間的國際協定，我們沒辦法提供這樣的折扣。」但就在拒絕的言詞未盡之前，他們表示能捐助50%的費用，真是令人非常感激的親善援手。

就這樣，我們兩人在1960年9月，搭乘大阪商船的移民船非洲丸前往洛杉磯。我的隊友在學期末考之前回到日本，免於留級一年。而我則是留級一年，在訪問學校之一的南喬治亞大學度過了一學期。然後，在隨時會有野熊結群出沒的黃石國家公園洗了40天的碗盤，最後在舊金山趕上從巴西回航的非洲丸，並在暑假回到了日本。暑假之前的課程，我自然全都是缺席的，所以我還親自拜訪了所有主選修課的老師，說明缺席的原委。

最終，我不僅在美國訪問了 20 所學校，期間還談論過各種與日本有關的話題。起初講述的是日本的產業，但聽眾反應不佳。結果，和我一同前往的一橋大學隊友，在分享了有關歌舞伎的內容後，沒想到卻出奇地獲得熱烈迴響。因此從中途開始，我們就把話題轉向文化或生活方面的內容，例如有關「漢字」的形成。我分享了象形文字的故事，也就是山、川的圖畫如何演變成文字的「山」和「川」。我始終記得，這些故事很受美國學生的歡迎。

於是在東忙西忙之中，寫一本類似《現代的管理》的念頭早已消失無蹤。數年後，我大學畢業到經團連工作時，卻以一種意想不到的方式再次和杜拉克重逢。

之後，我提出並實現《抄譯管理》、《專業的條件》等日本發起的出版企劃案、設立經濟公共關係中心（経済広報センター）、針對各個問題向歐美立法機關進行遊說活動，並且設立製造大學、創辦杜拉克學會等。我認為我和杜拉克之間的關係，不只限於杜拉克著作的翻譯；這位推手更透過「主動創造」的形式，一路以來深刻地影響我整個人生。

杜拉克教導我們許多關於事業的經營管理，從思考方式乃至於具體的注意要點，甚至還代替我們做了各種訪查。然而，杜拉克真正的價值在於，他把讀者從「閱讀的人」轉變成「行動的人」。並且很不可思議地，杜拉克總是能讓擬定策略進而採取行動，變得十分理所當然。

如果能夠透過本書，將杜拉克管理學的一隅介紹給讀者，那將會是我的榮幸。

如何閱讀本書

本書將介紹彼得．杜拉克的所有著作。

介紹的順序是依照原著作的出版時間排列。只要按著時間序列追溯，就能看見杜拉克教授人生走過的路程，他 96 年的生涯彷彿一部現代史縮影。只要對照各個時代所發生的歷史事件，即可了解到他早已洞燭機先未來的時代。

還有另一種應用本書的方法，那就是集中閱讀自己感興趣的領域。

我將杜拉克教授的豐富著作，依照內容及背景分成六個類別。因此讀者只要選定好主題再集中閱讀，便能擁有更遼闊的視野。不過即使單獨瀏覽各個領域，應該也能了解杜拉克教授之所以享有「現代社會的哲學家」、「管理學之父」盛譽的理由吧。

話說回來，杜拉克教授的著作量真的十分龐大。重新檢視全體群書後不難發現，內容涵蓋的領域不但非常廣泛，從中亦傳遞出他的驚人之處。透過本書，讀者必能深刻體會到，為何這些著作有「杜拉克山脈」之稱的原因了。杜拉克教授自稱是一名「社會生態學者」，由此看來果然名符其實。

7 部管理學
杜拉克先知

《彼得．杜拉克的管理聖經》
《為成果而管理》
《杜拉克談高效能的5個習慣》
《管理》《動盪時代的管理》
《創新與創業精神》
《非營利組織的管理》

7 部評論
杜拉克論當今

《變動中的管理界》
《管理未來》《社會生態願景》
《巨變時代的管理》
《杜拉克：經理人的專業與挑戰》
《21 世紀的管理挑戰》

傳記等
多面像的杜拉克

自傳式著作：《旁觀者》
《彼得．杜拉克　跨越
20 世紀的一生》、評傳：
《杜拉克為何要發明管理》
《P・F・杜拉克追求理想企業》
《杜拉克入門》、《彼得．
杜拉克　超越時代的語言》

3 部政治體制
為何杜拉克無法苟同？

《經濟人的終結》
《工業人的未來》
《公司的概念》

6 部轉換
杜拉克見證歷史變遷

《明日的地標》
《斷層時代》
《退休基金革命》
《新現實》
《後資本主義社會》
《下一個社會的管理》

10 部日本出版
來自杜拉克書架上的往返書信

《管理〔精簡版〕》
《初讀杜拉克系列》4 部曲
《杜拉克名言集》4 部曲
《〔英日對譯〕決定版
杜拉克名言集》

* 此圖表中的書名以繁體中文出版的書名為主，以利中文讀者查詢。

《「經濟人」的終結》

（《「経済人」の終わり》，上田惇生譯，鑽石社，2007）

原書名：*The End of Economic Man*（1939）

中文版：《經濟人的終結：極權主義的起源》，洪世民、趙志恆譯，博雅出版，2020）

主要內容

工業革命之後，結果發展出只有資本家富有的資產階級資本主義（Bourgeois Capitalism）；另一方面，馬克思社會主義（Marxismus）也淪為主政者掌握所有權利的附庸。因此絕望的人們，便轉而投向法西斯極權主義（Fascism Totalitarianism）。在第一次世界大戰後極其混亂期間，「德國會聯手蘇聯」一事，任誰都想像不到。然而，杜拉克之所以能老早就示警，是因為他熟知歷史和人類的本質。

書中除了描述舊體制的失敗如何導致法西斯主義的崛起，亦說明了若要防範再度發生，就必須擺脫為經濟營生、死亡、爭戰的經濟至上主義。

這本書不僅是杜拉克在 29 歲時推出的第一部作品，同時也是杜拉克思想的原點。當時即將就任英國首相的溫斯頓．邱吉爾（Winston Churchill），也十分讚賞這本書，推薦讀者絕對不可錯過。

目 錄

第 1 章 反法西斯主義陣營的幻想／第 2 章 群眾的絕望／第 3 章 群魔再現／第 4 章 基督教教會的落敗／第 5 章 法西斯極權主義的奇蹟：德國與義大利／第 6 章 法西斯主義的非經濟型社會／第 7 章 奇蹟或海市蜃樓？／第 8 章 未來

書中主要企業與組織

納粹（國家社會主義德意志勞工黨）、國家法西斯黨

書中登場人物

亞當．斯密、約翰．梅納德．凱因斯、卡爾．馬克思、齊克果、弗里德里希．尼采、貝尼托．墨索里尼、阿道夫．希特勒

提出的概念、理論、方法

法西斯極權主義、馬克思社會主義、資產階級資本主義

➢ 是政治學者？還是管理學學者？

看了《如果高中棒球社女經理讀過杜拉克的「管理學」》這本書而認識杜拉克的人，可能會覺得非常驚訝，杜拉克第一

部問世的作品，居然是在談論包含納粹主義等在內的法西斯極權主義。

請相信自己的眼睛，因為杜拉克是以政治學者發跡的。

杜拉克於 1909 年 11 月 9 日在奧匈帝國的首都維也納出生。《「經濟人」的終結》一書的構想，得自於他 23 歲時，在德國法蘭克福大學法學院擔任無給薪助理，並在當地知名晚報擔任經濟線記者的時期。

第一次世界大戰結束後，當時的歐洲包含納粹在內的法西斯政黨，逐步地掌控了權勢。1933 年的某天夜晚，杜拉克預見了歐洲的未來。

所謂「經濟人的終結」，意指資本主義和社會主義的終結。無論資本主義也好或社會主義也罷，均以經濟為中心，並將人類視為經濟性動物（Economic Animal）。然而，杜拉克卻洞悉了這個概念已經崩塌。

例如針對資產階級資本主義，他敘述如下：

經濟的成長與擴張，只有在其作為達成社會性目的之手段時，才具有意義。只要其願意承諾會達成社會性目的，那便是我們所希望的。但如果該承諾很明顯地成為一個幻想，那麼其作為手段的價值將遭到質疑。

杜拉克認為，在主義（-ism）下的人類是無法得到幸福的。只為全體而不問個人犧牲的法西斯（極權主義）亦同。

接著他說：「我們必須以現在的經濟社會基礎為前提，並尋得和發展全新自由平等脫離經濟至上主義的社會。」完全無法想像的是，適用於現今時代的這個論點，他竟然早在半個世紀之前就已提出。

這個構想化為杜拉克首部著作《「經濟人」的終結》問世的時候，已經是六年後的 1939 年，原因是出版社遲遲不肯採納出書。理由是杜拉克的兩項預測：納粹殺害猶太人、史達林和希特勒聯手等均太過激進。

本書出版後不久，馬上就獲得即將成為英國首相的邱吉爾讚賞。「這本書能夠刺激人類的大腦」── 邱吉爾的這句書評，無異於是杜拉克魅力的見證（該篇書評以附錄的形式，收錄於最新版的杜拉克名著集）。

從政治經濟到文學、美術和教育，杜拉克著作涵蓋的領域太過廣泛，如果想找出他無涉足的範疇，恐怕得費上許多苦心。大家應該也很好奇，杜拉克到底是何方神聖吧？具體而言，他從事的職業有顧問、大學教師、傳遞世界動向的作家兼演講者。所以若簡單地用一句話來概括，杜拉克就是一位社會生態學者。

在過去的專訪中，曾經有記者請教杜拉克：「那麼，請問您的工作是什麼？」結果他答道：「我已經 58 歲了，但我到現在還不知道自己想成為什麼？」

若要把杜拉克著作的浩瀚世界進行大致上的切割，將可分成「社會」和「管理」兩大類。只要仔細翻閱這本杜拉克著作指南，即能了解大家稱他為「現代社會最偉大的哲學家」、「管理學之父」的理由了。同時，讀者必定也會因其著作的浩瀚而感到驚訝連連。

專欄 Column

1776 年是「奇蹟年代」

杜拉克的思想基礎在於「保守主義」。因此若要談論保守主義，也許就必須事先說明世界的發展歷程為何。

18 世紀至 19 世紀的工業革命，揭開了現代的序幕。眾所皆知，由於工業革命的關係，徹底改變了這個世界衡量事物的標準。

工業革命之前的中世紀，人們在廣大、複雜奇怪、瞬息萬變的世界面前完全束手無策。此時，勒內．笛卡爾（René Descartes）出現了。這位幾何學學家在 1637 年撰寫的《方法論》（*Discours de la méthode*）中提到，只要能夠給出一個確定性，就代表必定有另一個確定性存在。亦即，萬事萬物皆由於因果關係而明朗化，就連上帝的存在，也能透過邏輯的力量說明。

這種思考方式正是所謂的「現代」（Modern），也就是近代理性主義。例如：「Technology」（技術）起源於稱為「Techne」的技藝，並加上代表學問的「logy」。由此接續誕生了工匠、出現公會（Guild）、然後進一步發展出科學與工業。這個過程正如笛卡爾所言，世界在一連串因果關係的闡明中不斷發展。

在世界發展的過程中，1776 年成為了一個轉折點。許多改變世界的重大事件，都發生在這個奇蹟年代。

其中一樁重大事件，就是詹姆士．瓦特（James Watt）發明了可實際運用的蒸汽機。這項發明讓大量生產得以實現，進而促成工業革命的開始。另一樁事件，就是亞當．斯密（Adam Smith）撰寫的《國富論》。他在書中提到，只要進行追求利潤的自由經濟，「看不見的手」自然就會引導整個社會邁向繁榮。

上述的蒸汽機和自由經濟，分別是資產階級資本主義的物質和理論基礎。很巧合地，兩種基礎都在同一年出現，而且均誕生在英國的格拉斯哥。

這樣的巧合，自然會讓人產生他們兩位是否早已熟識的疑問。實際上，他們兩位確實早已熟識。據說，遭到工會打壓而無法開設工具修理店的詹姆士．瓦特，就是在亞當．斯密的幫助下，而得以在格拉斯哥大學內開店。

1776 年之所以是奇蹟年代，還有另一項最重要的原因——美國獨立。「正統保守主義」與杜拉克不喜的「主義」相對立，在這當中，美國的獨立可說是人類史上最大規模的活動之一。

那麼，杜拉克信仰的「正統保守主義」究竟是什麼呢？下一個專欄將會對此進行說明。

《工業人的未來》

（《産業人の未来》，上田惇生譯，鑽石社，2008）

原書名：*The Future of Industrial Man*（1942）

中文版：《工業人的未來》，陳琇玲譯，博雅出版，2020

主要內容

杜拉克在前部著作《「經濟人」的終結》中，描寫了極權主義的黑暗。而這本書則是在敘述理想的社會，自由並正常運作的社會等應有什麼樣貌，以及實現這種社會的方法。

社會要正常運作有幾個必要條件：賦予構成社會的人們地位與身分就是其中之一。工業社會中的「個人自由該如何實現」，是本書要討論的重點。當時正值二次大戰開始前的絕望時代，因此書中內容的最大特色，即是對戰後的樂觀期待。

起始自蘇格拉底，接著是法國啟蒙運動、盧梭、羅伯斯比、社會主義、馬克思，然後一直持續到希特勒，杜拉克明確地指出自由派系系譜的破綻，並主張應該善加利用正統保守主義的原理。這一主張即是杜拉克社會學的原點，本書是他 32 歲時的著作。

目 錄

書中主要企業與組織

東印度公司、J．P．摩根、福特、英國保守黨與工黨

書中登場人物

斐迪南．滕尼斯、威廉．詹姆士、柏拉圖、亨利．亞當斯、約瑟夫．熊彼得、卡爾．馬克思、埃德蒙．柏克

提出的概念、理論、方法

法國啟蒙運動、實用主義（Pragmatism）、社會主義、正統保守主義

➢「經濟人」與「工業人」是背道而馳的兩種人？

「經濟人」和「工業人」——光看這兩個名詞，讀者或許會認為兩者同樣都是「商務人士」。可是，杜拉克在第一部和第二部著作書名中使用的這兩個名詞，其實意思完全背道而馳，不知讀者是否發現了呢？

簡單來說，所謂的「經濟人」大概是指「經濟至上主義者」、「營利至上主義者」、「經濟動物」之類的人。杜拉克認為金錢不會讓世界變得更好，人會因為金錢爭鬥、導致企業腐敗、甚至引發戰爭，所以金錢不會使人幸福。這就是為什麼杜拉克會稱這些人為「經濟人」（Economic Man）；而《「經濟人」的終結》，就是在探討如何擺脫經濟至上主義。

另一方面，所謂的「工業人」，是指「能夠創造顧客的組織成員」。他們屬於企業組織的一員，專事生產優質商品或提供良好服務。所以這裡指稱的，或許就是正派商務人士的風範。杜拉克認為，對於專注本業認真履行使命的這群人來說，他們擁有的是「未來」而非「終結」。

然而，如果沒有一個自由且正常運作的社會，即使是「工業人」也無法發揮其真正的價值。杜拉克曾說過：「社會會賦予每個人『地位』和『身分』，如果重要的社會權力不具『正當性』，社會就無法正常運作」。

誠如杜拉克在 1998 年版的《工業人的未來》前言中提到：「很多評論家和朋友都認為這本書是我最優秀的著作。」因此，這本書最適合用來了解杜拉克的方法論，亦可堪稱為一本隱藏版名著。

為何說這本書是「隱藏版」呢？如前所述，用作書名的「工業人」一詞不容易理解，而且書中有相當多的理論性內容，所以就讓很多人覺得艱澀難懂。

本書和現今的商業書籍不同，並非是今日閱讀隔天就能立刻派上用場的工具書。杜拉克說：「縱然我們連最終答案在哪裡都不知道，但即使前提如此，我們仍必須出發。」杜拉克教導我們的不是如何做，而是以最基礎的事物觀察法和思考方式，來教授我們「改革的原理」。乍看充滿哲理的字句中，蘊藏著許多益於日常工作的洞察。杜拉克著作的精粹，可說就在於此。

杜拉克在書中，不斷地反覆強調「檢視整體的重要性」。在以個人為重心的同時，應把組織、社會、世界看得比個人更重要。因為透過檢視整體，我們才能了解這個複雜又永遠瞬息萬變的世界。

如果把工具書比喻成特效藥，那麼這本書就像是藥效持續緩慢作用的中藥。讀者可透過閱讀，細細品味雋永的杜拉克世界。

本書發行於 1942 年（昭和 17 年）。杜拉克撰寫本書的大部分時間，是在日美珍珠港開戰前的 1940 至 1941 年左右，當時美國仍尚未參戰。

杜拉克說：美國尚未參戰，不過美國將會參戰並且獲得勝利。但是美國不會為了打勝戰而犧牲自由，這是因為⋯⋯

「我們和平在握之日，既不是旅程的結束亦非旅程開始之日，只不過是途中更換騎乘工具的日子罷了。」換言之，戰爭期間開始著手的事物，戰後依然會持續下去。

為了達成目的，人們一般都會思考手段方法進而執行。然而在目的達成之後，原本的手段方法仍舊存在。上述那句話的意思是，若舊有的手段會造成困擾，那就別再次使用為宜。

從這裡即可看出，杜拉克宏偉的胸襟。

專欄 Column

杜拉克論點基礎的「正統保守主義」

杜拉克將 1776 年的美國獨立，視作為法國大革命的對照。不過，若有人認為他把順序搞混了，也是應當的吧。因為法國大革命，是在美國獨立 13 年後的 1789 年發生的。

在工業革命中，致富的人只有那些擁有生產工具的人，而普羅大眾依舊在原地打轉。整體社會並無按著亞當．斯密的論點發展：在一隻「看不見的手」的引導下，大家一同邁向富足。

因此階級中多為勞動者的市民，在之後發動了法國大革命。整場革命宛如是由「主義」興起的，只要人們的主義主張稍有不同，就會被送上斷頭台翦除。會有如此情形，是因為在自由派人士的思考中，自認為掌握了真理的理性是萬能的。

杜拉克在《工業人的未來》中，即針對自由派的危險性作了如下描述：

「他們不僅反對違反自由的制度，甚至連能夠促進自由的制度亦反對。理性主義自由派人士，在反對存於那個時代的不公義、迷惘、偏見當中找到自己的身分。然而，他們的反對不單只有不公義，包含自由公正的組織或制度在內的所有既定事物，他們都抱持著敵意。」

另一方面，儘管美國獨立在先，法國大革命卻遭到否定。這部分從發表獨立宣言之前，就已經生效的合眾國憲法即可得知。該憲法的特徵是「尚未定案」，其根源就在於不想束縛後代的靈活思維。而從中反映出的是正統保守主義思考方式，即作為一個有限的人類無法完全掌握真理。

現代的世界觀認為，能夠運用邏輯的力量解釋一切。這項有效的工具，自笛卡爾以來，人類已經使用了 350 年。可是現代所創造出來的資本主義，和與之相對的社會主義，並沒有讓世界變得更美好。這主要是因為，兩者均是以「經濟主義」為中心的「一丘之貉」。

但該怎麼做才能不仰賴主義，又能讓世界變得更美好呢？那就是追求理想和利用既有的資源，來逐一地解決問題，也就是以「case-by-case」的方法來進行。這種思考方式即是杜拉克所謂的保守主義，也是後現代（Postmodern）的方法。

不管針對組織也好抑或社會也罷，本來就沒有什麼靈丹妙藥能解決任何問題，更何況只光靠邏輯。所以大家會奉杜拉克為後現代（脫離現代）的領航員，其中一大主因，就在於他為我們闡明了這個道理。

《何謂企業》

（《企業とは何か》，上田惇生譯，鑽石社，2008）

原書名：*Concept of the Corporation*（1946）

中文版：《公司的概念》，劉純佑譯，博雅出版，2021

主要內容

工業社會究竟是如何建構成一個社會？為了建構工業社會，企業應有的樣貌為何？企業該如何扮演一個事業體、社會中的代表性組織、工業社會的一分子呢？

當時，杜拉克應世界頂尖製造商通用汽車（General Motors；簡稱 GM）之邀，對該公司進行調查研究，最後寫成《何謂企業》。爾後這本著作被 GM 的競爭對手福特，援引作東山再起的教科書。自此開始，本著作便在全球的企業、政府機關、非營利組織（NPO）等當中，點燃一場場組織改革的風潮。

但是當時的 GM 經營管理團隊，強烈駁斥書中指出的「管理沒有絕對」、「只有現場人員才了解現場」、「亦需為社會著想」等問題，以視若無睹的態度對待杜拉克的建言。此後 GM 的凋零就如歷史事實所示。

這本世界首部的企業論，在之後也成為了杜拉克經營管理三部曲著作的橋樑書。

目 錄

書中主要企業與組織

GM、全美汽車工人聯合會（United Auto Workers：UAW）

書中登場人物

艾爾弗雷德・史隆（Alfred P. Sloan, Jr.）、道格拉斯・麥格雷戈、亞伯拉罕・馬斯洛、亨利・福特

提出的概念、理論、方法

分權化、Z 理論、民營化、品質管理（QC）

➢ GM 為何對杜拉克感到憤怒

「建構以企業為主體的工業社會是否可行？」

在《何謂企業》一書中，面對這個大膽的提問，杜拉克的回答是：「可行」。這個答案，讓許多創業的經理人深受感動和鼓舞。

但是，若要建構以企業為主體的工業社會，企業就不能輕易地倒閉。企業存在的理由是「發揮經濟效益」，因此事業就必須建構為事業的型態。在評估一家企業的時候，提升利潤並創造資產和服務，是一項絕對必要的衡量指標。

企業是社會性組織，因此必須「將每個成員的活動組織起來，朝著共通的目標前進。」但困難點在於，「共通目標並非企業所有成員個人目標的總和」。杜拉克說：「就算有『共通』的目標，也未必會有『共同』的目標」。

因此企業若要確實地引導眾人，高階管理者的培訓必不可或缺，此時所需的就是「分權制」。其中，需要提升的是領導者的素質，而不是設備、生產方法或商業模式。因為領導力是有別於錄用考試或是各領域專業技能的能力。

再者，如果要建構以產業為中心的工業社會，企業和社會的價值觀就必須共存。在重視自由和平等的社會中，一人企業是無法成立的。

而且企業也必須致力於創造美好世界。杜拉克說：「企業不僅是建構社會的工具，亦是為了社會而存在的組織。」雖然大家都將這本著作視為是杜拉克管理學的原點，但其實這並非是一本談論管理的書，內容大多在討論政治與社會。

回應當時握有汽車業霸權的 GM 之邀，杜拉克將歷時一年半的調查結果彙整成這本著作。然而，讀過內容後的 GM 管理階層卻十分憤怒。

GM 方面的基本想法是：「我們已經克盡管理責任了」、「管理由『高層』來考量已足，不是基層員工需思考的事物」、「提供便宜優質的車輛就是社會責任」。

當時的 GM 把管理視作科學，並認為他們已經徹底落實了所謂的管理學。然而杜拉克的看法是，管理並非一門科學，是在工作現場創造形成的。而且杜拉克還進一步主張，歷經二、三十年的成功，導致企業的管理方式早已過時。因此，他的論點會吃 GM 的閉門羹也無可厚非。

杜拉克有趣的地方在於，他總會在說完一句重點後，再補上一句話。例如：「本業很重要，但企業的經營不單只有本業」、「事業部制度的概念非常好，但如果只是單純地導入就不對了」等。

杜拉克的想法是：就算我寫的內容是如此，但你不應該囫圇吞棗照單全收，管理是沒有絕對的。因為「在與人類社會相關的事物中，最重要的事並非對或錯，而在於是否以人為本並且發揮功能」。

《新社會和新管理》

（《新しい社会と新しい経営》，現代經營研究會譯，鑽石社，1965）

原書名：*The New Society*（1950）

中文版：《新社會》，顧淑馨譯，博雅出版，2022

主要內容

書中內容有系統性地分析，出現於第二次世界大戰後的工業社會。其中，特別是在追求一種工廠共同體（Plant Community）的理念，也就是賦予勞動者管理的責任。

目　錄

《現代的管理》

（《現代の経営（上、下）》，上田惇生譯，鑽石社，2006）

原書名：*The Practice of Management*（1954）

中文版：《彼得．杜拉克的管理聖經》，齊若蘭譯，遠流出版，2020

主要內容

此著作不僅是杜拉克管理學的源頭，亦是世界上第一本談管理的書籍。杜拉克除了是第一位注意到，企業與其管理會影響社會未來之外，同時也闡明了管理的本質。從管理的本質乃至於經理人的工作職責，均網羅在書中。杜拉克本身也表示，全面性和易讀性的平衡是這本書成功的主要原因。

「創造顧客」一詞首次出現在這本著作裡。其中，杜拉克斷定企業的功能，始終都在於行銷和創新；同時透過美國連鎖百貨西爾斯、福特汽車等企業的真實案例，帶領讀者學習企業的本質。

無數經營管理者均有感而發地表示，本著作是他們在經管事業中的一大助力。

目　錄

〈上集〉

前言 管理的本質

第 1 章 管理的任務／第 2 章 管理的職務／第 3 章 管理的挑戰

第 I 部 事業的管理

第 4 章 西爾斯的故事／第 5 章 何謂事業／第 6 章 我們的事業是什麼／第 7 章 事業的目標／第 8 章 預測明天的方法／第 9 章 生產的原理

第 II 部 經理人的管理

第 10 章 福特的故事／第 11 章 自我管理與目標管理／第 12 章 經理人的職責為何／第 13 章 組織文化／第 14 章 CEO 和董事會／第 15 章 經理人的培養

〈下集〉

第 III 部 管理的組織結構

第 16 章 選擇組織結構／第 17 章 建立組織結構／第 18 章 小型企業、大型企業、成長型企業

第 IV 部 人與工作的管理

第 19 章 IBM 的故事／第 20 章 聘僱人員／第 21 章 人資管理上的缺失／第 22 章 成就最佳績效的人類組織／第 23 章 激發創造績效的動機／第 24 章 經濟層面的問題／第 25 章 現場管理者／第 26 章 專業人員

第Ⅴ部 身為經理人的意義

第 27 章 優秀經理人的條件／第 28 章 進行決策／第 29 章 未來的經理人

結論 管理的責任

書中主要企業與組織

福特、GE、西爾斯、GM、AT&T、IBM、嬌生

書中登場人物

約瑟夫．熊彼得、亨利．福特、小托馬斯．J．沃森

提出的概念、理論、方法

目標管理、行銷與創新、作業研究（Operations Research）

➤「管理的原點」：囊括管理上所需的一切

《現代的管理》是杜拉克撰寫的第一本管理書籍。在寫完《何謂企業》之後，杜拉克發現自己在管理諮詢上有長才，於是便開始在各領域企業擔任管理顧問。

當杜拉克一邊思考「以工業為中心的社會是否可行」的問題，並伏案寫作《何謂企業》的時候，市面上完全沒有任何有關管理的書籍。這種情形在他開始從事顧問工作之後亦然。他

翻閱所有相關的論文和書籍，企圖找尋有無任何能派得上用場的資料。然而，無論是書籍或從事相關領域的研究人員，兩者皆無。

當時為何會如此？原因在於管理不是一門科學，而且單靠量化或數據分析，是無法談論管理的。

「我經常遭遇到相同的狀況。也就是說，針對管理的工作、功能、問題所做的研究、理念、知識等相關文獻幾乎蕩然無存，僅有部分隻字片語與少量專業性論文。於是我決定坐下來，描繪一幅堪稱是黑暗大陸的管理世界地圖，闡明那些因為欠缺而必須全新創造的事物，並且有系統組織地將一切彙整成冊。」

因此，當時杜拉克下定決心，既然沒有就自己創造，爾後《現代的管理》便於焉誕生。

若要從浩瀚管理書籍中只挑選一本閱讀的話，至今多數財經界人士依然會推薦《現代的管理》。如果說這本著作，在二戰後為世界繁榮撐腰，那似乎也無不宜。

前述提及的「創造顧客」一詞，也是首見於這本著作。

「若要了解企業是什麼，就必須從企業的目的開始思考。

企業的目的都在各家企業之外。企業是社會的機構，其目的在於社會。因此，企業的目的只有一個有效的定義，那就是創造顧客。」

我的朋友當中，也有人跟我提過類似如下的往事。他大學畢業的時候，可以考公務員或去大學當老師，不過煩惱到最後，他選擇進企業任職。當他開始工作遇到煩心的事情時，他只要讀到《現代的管理》第一章開頭的一句話，便堅信自己當初選擇的道路無誤。

「管理是賦予事業生命的動態存在。如果缺少該領導力，生產資源就僅是資源而不會有生產。」

日本的情況特別適用於這句話，因為支持日本戰後經濟復甦的是企業和企業人。當時每一個企業人都在思考：國家當前的處境為何？欠缺什麼？何事應當為？同時，企業也依循上述的提問擬定事業計畫。

我過去任職的經團連，一直都在思考諸如此類的問題。作家山崎豐子*就曾為了採訪，順便參觀過經團連的會議室。她

＊ 編注：山崎豐子（1924-2013），是日本知名作家、小說家。創作許多知名小說，包括《白色巨塔》、《華麗的一族》等。

當時對於會議中企業人討論國家大事的認真態度，感到驚訝萬分。

其實，杜拉克的著作之所以在當時經常登上暢銷榜，也有其時空背景存在。

日本有趣的地方是，企業與政府機關是以一種合作關係攜手前進。法國、德國、美國等世界上的其他國家，完全沒有這樣的文化。日本的情形是，企業與企業、企業與政府，在時而磨擦出火花當中構築緊張的合作關係。杜拉克之所以對日本有所期待，就是因為他非常了解日本的這種文化。

《現代的管理》是能為企業人帶來勇氣的一本著作。若說管理上所需的一切全都寫存於本書中，事實上一點也不誇大。

《自動化與新社會》

（《オートメーションと新しい社会》，中島正信監譯，鑽石社，1956）

原書名：*America's Next Twenty Years*（1955）

中文版：台灣未發行

主要內容

本書收錄了在《哈潑雜誌》（*Harper's*）上連載的論文。各論文中提出的自動化、失業與勞動力問題、財富集中、大學教育、貧富差距擴大等主題，是當時美國在不久的將來，應致力解決的政治與經濟問題。

目　錄

第一章　自動化的前途／第二章　新指導者／第三章　失業抑或勞動力不足／第四章　存在美國的 11 個政治問題

《轉型中的工業社會》

（《変貌する産業社会》，現代經營研究會譯，鑽石社，1956）

原書名：*Landmarks of Tomorrow*（1957）

中文版：《明日的地標》，劉純佑、羅耀宗、顧淑馨譯，博雅出版，2020

主要內容

杜拉克將歷史的重大變化視為一種轉換。其中首次且最大的，就是世界觀的轉換。世界從被視為可以各部分拆解的機械性存在，轉換為被視作一體的有機性存在。

「我們在這 20 年間的某個時期，已從被喚為現代（近代理性主義）的時代，移轉至一個無名的全新時代。」杜拉克不僅在內容中闡明現代的特質，亦宣告後現代的來臨。

本著作是半世紀之前，即預言當今後現代潮流的先知之作。

目　錄

前言　我們所處的現代世界／第 1 章　新世界觀／第 2 章　從進步通往創新／第 3 章　繼極權主義與個人主義之後／第 4 章　新前沿／第 5 章　教育進步的社會／第 6 章　經濟發展／第 7 章　岌岌可危的近代政府／第 8 章　消失的東洋／第 9 章　新課題／第 10 章　現代中的人類處境

書中主要企業與組織

瑪莎百貨、西爾斯・羅巴克公司（西爾斯百貨）、福斯汽車、IBM、皇家飛利浦、GE

書中登場人物

笛卡爾、馬克思

提出的概念、理論、方法

知識工作者、專業經理人、組織人

➢ 杜拉克何時發現管理？

從 1995 年開始，我就持續將杜拉克的主要著作，重譯為《杜拉克選書》及《杜拉克名著集》兩系列。然而比較遺憾的是，當時的書單中遺漏了這本《轉型中的工業社會》，因此本書今日已成為難以取得的夢幻著作（1959 年出版，現代經營研究會譯，現已絕版）。

儘管只有一部分，不過我首次翻譯這本書的時候，是在原著發行半世紀之後，《技術人員的條件》（論技術的精選集）的開頭部分。

所謂的現代，指的是「近代理性主義」，17 世紀的哲學家笛卡爾創始的世界觀。簡言之，這是一種認為所有事物均能各部分別拆解並用邏輯說明的思考方式。

近代理性主義誕生出科學與工業、帶來了工業革命，然而人們的生活並未因此變得富足。即使發動革命、施行極權主義皆未見改善。針對近代理性主義的這般窘境，杜拉克敘述如下：

「直到昨日仍稱為現代，向來是最新的世界觀、問題意識、依據，但現在均毫無意義。時至今日，那些事物仍在內政、外交、科學等各個領域持續發揮作用。然而，縱使政治、理念、情緒、科學相關的現代口號將要成為激烈對抗的種子，卻仍然無法成為行動的牽繩」。（節錄自《技術人員的條件》）

此時就該輪到管理上場了。最近，我再次回頭閱讀現代經營研究會的譯本和原文書時，發現其中有這麼一句話：「管理是後現代的產物。」沒想到杜拉克居然在那麼早的時期，就已經說過這樣的話，我完全不知情。

我參加 NHK 節目「100 分 de 名著」時，曾經說過：「天底下沒有只要這麼做，一切就能迎刃而解的靈丹妙藥。人應該懷抱著遠大的志向、以人為本、憑藉著既有的工具一步步向前邁進，而那就是管理。」

結果，主持人堀尾正明和瀧口友里奈問我：「您是在什麼時候發現，杜拉克說的是管理而不是主義？」雖然我當場回答不出來，不過幾個星期之後，我突然靈光乍現。答案很簡單，因為杜拉克打從一開始，就認為這是非常理所當然的事情。不管是社會改革、組織管理、自我管理等，全都是一樣的。

其實十幾年前，我的職業生涯有一個很大的轉變，從經濟團體職員轉任大學教師。那個時候，我製作了以下的表格作為教材。這是不是和後面專欄提到的原著第 90 頁中，杜拉克列舉的關鍵字很類似呢？

◎	**現代**	**後現代**
世界觀	機械性世界觀 分解性 部分最佳 量化 簡單 因果 確定性 掌握真理	生物性世界觀 非分解性 全部最佳 質化 複雜 型態（過程） 不確定性 追求真理
方法論	幾何學 邏輯 我想 抽象、概括	複雜性科學 感知 我看見 觀察、描繪 蝴蝶效應

◎	現代	後現代
方法論	理性主義 法國革命 左腦 主義 計畫 評估 萬靈丹 理論（OR） 社會科學 物理學 回答	保守主義 美國獨立 右腦 創業家精神 創新 監控 處方箋 個案（情景） 社會生態學 工程學 問題
歷史	前現代之後 笛卡爾以後	現代之後 與現代並存
功能	科學技術	21 世紀的問題 （環境、教育、開發中國家）
工業革命	生產性革命	管理革命

作為製造大學授課教材用（2003）

專欄 Column

如果把《轉型中的工業社會》應用在這個時代

《轉型中的工業社會》是一本充滿驚奇的著作。我在2005年重新翻譯，作為《技術人員的條件》（《テクノロジストの条件》，上田惇生譯，鑽石社，2005）的前言介紹給讀者。

這次編寫這本書的時候，我重新回頭再看了一次，結果又有驚人的新發現。杜拉克在1957年就已經有這種見解了嗎？當時不禁讚嘆連連。這兩處原本被埋沒的新發現，是分別在原著中的第90頁和第247頁。

遭埋沒的內容是管理教育、近代化政策、可能會改變管理歷史的文章。現在我向大家道歉這項疏忽，並同時將全新的翻譯介紹給大家。

管理是後現代的體系（原著第90頁）

雖然管理教育的場所增加了，但教學的體系卻尚處於初步階段。

我們需要一套能教導、學習、充實、持續改善的管理體系。這套體系來自於後現代的世界觀，是一套過程不可逆、內化目的原則的體系。

即便在體系中出現的事物皆已量化，如變化、創新、風險、判斷、成長、迂腐、奉獻、願景、獎勵、動機等，但其本質仍然是質化的。

而且我們必會從中學習到執行決策的知識，而且該決策直接關係到每個人類和社會。

開發中國家邁向近代化所需的後現代世界觀

（原著第 247 頁）

開發中國家需要後現代的世界觀。只有後現代世界觀，才能將自身擁有的非西洋事物中的最佳事物，和西洋的信條、制度、知識、工具融合在一起。

不論其他文明再怎麼好，都不可能將其他文明捨棄的事物，直接套用在自己身上。

這本著作裡，或許還有許多寶藏尚未挖掘。不過我現在已經開始重新翻譯了，以便讓這些寶藏重見天日並且再次出版。

《明日的思想》

（《ドラッカー全集 3　産業思想編「第 1 部明日のための思想」》，
清水敏允譯，鑽石社，1972）

原書名（德文）：*Gedanken für die Zukunft*（1959）

中文版：台灣未發行

主要內容

本書以「歐洲要發展社會和經濟，就必須了解現今的美國」為主題，收錄廣泛領域的論文。內容最初也開宗明義表示：「一篇論文就有表達一個思想的機會」。

目　錄

第一部 明日的思想／第二部 經濟政策與社會／第三部 現代的輪廓

《創造的管理者》

（《創造する経営者》，上田惇生譯，鑽石社，2007）

原書名：*Managing for Results*（1964）

中文版：《為成果而管理》，羅耀宗譯，博雅出版，2021

主要內容

憑藉著過去和世界各地的企業、政府機關、非營利組織（NPO）對談的豐富經驗，杜拉克為我們闡明了何謂事業。據說杜拉克原本希望將本著作命名為「事業戰略」（Business Strategy），但是卻因戰略這兩個字，屬於軍隊或選舉用語而遭到駁回。

杜拉克一語道破「企業內部只有成本」的事實，並據此從分析現實開始說起。例如：若無法掌握外面的世界來為自己定位，就無法提高業績；不論營利與非營利事業，在這一點上都相同。這本策略性濃厚的書籍，相當適合所有商業領袖閱讀。

目　錄

第Ⅰ部　了解什麼是企業

第 1 章　企業的現實／第 2 章　創造業績的領域／第 3 章　利益與資源、展望／第 4 章　產品與生命週期／第 5 章　成

本中心與成本結構／第 6 章　顧客即事業／第 7 章　知識即事業／第 8 章　這是本公司的事業

第 II 部　聚焦機會

第 9 章　以優勢為基礎／第 10 章　發現事業機會／第 11 章　今日構築未來

第 III 部　提高事業業績

第 12 章　決策／第 13 章　事業戰略與管理計畫／第 14 章　提升業績

後記　承諾

書中主要企業與組織

福特、西爾斯・羅巴克公司、西屋電氣、IBM、杜邦、皇家飛利浦、GE、GM

書中登場人物

艾爾弗雷德・史隆、維爾納・馮・西門子、羅斯柴爾德家族、亞當・斯密、小托馬斯・J・沃森、艾爾弗雷德・D・錢德勒、艾迪斯・T・潘羅斯

提出的概念、理論、方法

ABC 會計、價值分析（VA）、產品分析、價值工程（VE）

➢ 管理的三種身分？

杜拉克說管理有三種身分：第一是「事業」、第二是「人」、第三是「社會責任」。

依照順序來說，第一是履行各組織所特有的社會功能。例如，蔬菜商的社會功能，便是販售便宜且新鮮的蔬菜。

第二是與組織相關的「人」，透過樂於生產的勞動工作，達成自我實現的目標。

第三是善盡社會責任。具體來說，就是不對世界造成任何負面影響，並且善用組織的優勢，為解決社會問題做出貢獻。

管理的這三種身分，是杜拉克在撰寫與《現代的管理》並稱為管理三部曲的《創造的管理者》、《管理者的條件》期間，彙整出來的內容，因此更為精簡扼要。

本書內容提及的，是管理三種身分中的第一種：「事業」的管理；換言之，就是「戰略」。所以這本聚焦事業選擇與發展方向的著作，將為我們分析事業的任務是什麼？顧客是誰？顧客追求的價值又是什麼？

「明日必定會來臨，而且明日和今日不一樣。就算是現今最強的企業，若不為將來努力，終究仍會陷入困境。失去特色、失去領導力，剩下的就只有大企業典型的巨額間接成本罷了。」

杜拉克的世界觀是後現代的世界觀，所有的事物會持續不斷地改變。而且改變未必會自動朝好的方向去，通常只會朝不好的方向前進。亦即一切會漸趨迂腐，留下來的只有巨額的間接成本而已。

這本書的特色是第三章置入了「Universal Products 的產品分析表」，對杜拉克的著作來說，這是非常少見的。

可是這張表格卻十分難以理解，甚至讓人質疑表格內容是不是完全沒有校正過？不是有誤植的數字，就是毫無說明地直接四捨五入。印象中，當初也收到了不少讀者的提問。我自己則是已經忘記計算方法和依據了，只剩下翻譯時，在所使用的原文書上畫滿的紅色註記。

這是一本讓杜拉克感嘆：「很少人閱讀，迴響也不多」的書。相較於三部曲的其他著作，確實無法否認本書主題較為平淡無奇。然而事實上，當時的杜拉克早就已經擁有眾多的忠實粉絲了。尤其是堪稱為管理專家的顧問們，就十分支持他的著作。

杜拉克的著作為何沒有圖解？

佩斯大學社會學院院長約翰·E·弗拉爾蒂（John E. Flaherty）是杜拉克 40 年來的學生、朋友兼同事。他在他寫的大部頭論杜拉克的書《彼得·杜拉克：塑造管理思維》（*Peter Drucker: Shaping the Managerial Mind*, Jossey-Bass, 1999）裡，只放入了一張圖。書中還寫了一段看似辯解意味濃厚的說明。

「杜拉克不太喜歡資料模型化的圖解，因為那樣會使概念變得生硬。事實上也確實如此。但為了表達教授所說的『變化』的概念，我希望至少讓我放上這張圖。」

杜拉克的著作中確實都沒有圖解。對於這位後現代主義的領航員來說，用圖說來表現複雜龐大又瞬息萬變的世界，應該不是件容易的事吧。

《管理的新次元》

原書名：《経営の新次元》，小林薫編譯，鑽石社，1964

中文版：台灣未發行

主要內容

這本由杜拉克自行編輯的管理論集，主題多元廣泛，共摘錄了國家與大企業、效率、計畫、研究開發、產品開發、流通、領導力、日本等十篇。

目　錄

1 大型企業與國家目標／2 經營效率的管理／3 人力資源與計劃的統籌／4 研究開發的神話／5 產品的育成和成長方法／6 經濟的暗黑大陸「流通』／7 如果我是社長／8 現在管理學的五十年／9 企業管理與企業目的／10 新世界經濟中的日本

《管理者的條件》

（《経営者の条件》，上田惇生譯，鑽石社，2006）

原書名：*The Effective Executive*（1966）

中文版：《杜拉克談高效能的 5 個習慣》，齊若蘭譯，遠流出版，2019

主要內容

多數管理書籍談的都是「管理他人的方法」，而本著作則是談論「管理自己的方法」。

自我管理方法有五個，取自實現成果人士身上的共通點。這五個方法任誰都學得會，並不僅限於某些特定的少數族群。書中具體條列出：管理時間、思考貢獻、運用優勢、精神專注、了解決策的方法等所有應該努力的事項。或許這些重點也正是本著作讓讀者愛不釋手，至今依然暢銷的原因吧！

目　錄

前言　為了實現成果／第 1 章　實現成果的能力可學習而得／第 2 章　了解你的時間／第 3 章　你能貢獻什麼／第 4 章　發揮優勢／第 5 章　專注在最重要的事情吧／第 6 章　何謂決策／第 7 章　實現成果的決策為何／結語　開始修煉實現成果的能力

書中主要企業與組織

杜邦、福特

書中登場人物

艾爾弗雷德·史隆、西里爾·諾斯古德·帕金森、富蘭克林·德拉諾·羅斯福、西奧多·紐頓·魏爾

提出的概念、理論、方法

成果主義、領導階層的時間管理、帕金森法則、知識工作者的管理、職務設計、決策、PERT

➢《管理者的條件》不是「管理者」的！？

雖然書名有「管理者」三個字，但本著作並非專為大企業的經營團隊、中小企業的社長所寫的。如果直譯原書名「Effective Executive」，意思就是「有執行力的人」。

傳統的想法理所當然地認為，公司的命運和員工的幸福，必須仰賴社長的經營手腕，成敗與否倚靠的是領導者的才能。因此，企業的第二代都必須學習帝王學，並被派往其他公司修業磨練。

然而，杜拉克認為現在已經不是那種時代了。組織內的所有成員都必須學習約束自己的帝王學，行事作風也得仿照高階

主管。如此一來，組織才能成功，社會也才會繁榮。

杜拉克在前書著作《創造的管理者》裡，曾針對「事業」進行討論，所以他希望接下來能深入探討的主題是「人」。

可是，如老生常談「人是不可操控的」，所以杜拉克不太喜歡討論「人」的管理。因此取而代之的，是讓自己成長的「自我管理」。

比起帶領公司的領導者們，杜拉克認為在組織內工作的普通人，更應該學習「全民適用的帝王學」。他會如此重視的原因如下：

「現代社會有兩種需求，一是從個人那裡獲得貢獻的組織需求，二是為達成個人目的而將組織當作工具使用的個人需求。唯有透過成果的實現，才能同時滿足這兩種需求。」

組織的每一個人，都應該思考自己應做出的貢獻並實現成果。所以杜拉克要大家先停下手邊工作，抬頭看向目標，問問自己對組織做了什麼貢獻。這聽起來似乎有點困難，不過幸運的是，「實現成果是一種習慣，而實踐的能力可透過修煉獲得」。

在終身僱用制被視為理所當然的時代中，這本《管理者的條件》或許無法讓上班族產生任何共鳴。基本上，只要社長有才幹，公司經營順利，員工就會幸福。因此，組織需求會比個人需求更受到重視。

然而，現在終身僱用制早就瓦解，轉職跳槽已是家常便飯，從事自由業的人也增加了不少。即使是上班族也無不同，我們現在已經邁入每個人都必須擁有管理者思維，才能存活的時代。

就跟上述「全民適用的帝王學」這句標語一樣，或可說這本書是最適合這個時代，為全民寫成的一本著作。要是有人只看到書名便心想：「我又不是管理者……」認定自己不需要的話，那真的就太遺憾了。

事實上，這本著作是 15 冊名著集當中，發行量最多的一本。

《管理適任者》

原書名：《経営の適格者》，日本事務能率協會編譯，日本管理出版會、1966

中文版：台灣未發行

主要內容

本書內容由兩部分組成，杜拉克為了 1966 年 6 月的訪日研討會，提供給社團法人事務能率協會（即現今的一般社團法人日本管理協會）的講稿，以及研討會的綱要。

目 錄

第一章 給未來管理的適任者：創造高效率的企業與主責經理人／第二章 現代管理階層的三大條件：企業家功能、管理者功能、社會性功能／第三章 人類和電腦的邏輯：運用「工具」擴展企業範疇／第四章「世界經濟」的到來與管理：如何應對新現實／第五張 箱根研討會報告

《斷層時代》

（《断絶の時代》，上田惇生譯，鑽石社，2007）

原書名：*The Age of Discontinuity*（1968）

中文版：《斷層時代》，陳琇玲、許晉福譯，博雅出版，2022

主要內容

一切事物就像群發性地震般不斷開始移動，地底的深處肯定有板塊正在活動。杜拉克把這種板塊活動視為斷層。這段約始於 1965 年的轉換期，預計持續至 2025 年左右。

這本暢銷書成為柴契爾夫人推動民營化的教科書，至今內容仍饒富深意。因為大變動的高點尚未到來。

為什麼杜拉克能夠察覺到這些變化呢？就如本書敘述的「歷史會循環」、「但是內容將會趨於更高階」。

目　錄

第 I 部　企業家時代

第 1 章　連續時代的終結／第 2 章　新產業的誕生／第 3 章　企業家精神作為一種方法論／第 4 章　經濟政策的轉換

第 II 部　全球化時代

第 5 章　經濟全球化／第 6 章　開發中國家的貧困／第 7 章

無效經濟學的

第Ⅲ部 組織社會時代

第 8 章 多元化社會／第 9 章 多元社會的理論／第 10 章 政府的弊病／第 11 章 活在組織社會

第Ⅳ部 知識的時代

第 12 章 轉型為知識經濟／第 13 章 工作的變化／第 14 章 教育革命的必然／第 15 章 遭質疑的知識

書中主要企業與組織

IBM、AT&T、GE、福斯汽車、皇家飛利浦、索尼

書中登場人物

約翰·加爾布雷斯、亨利·福特、艾爾弗雷德·史隆、萊斯特·R·布朗、岩崎彌太郎、澀澤榮一、約翰·甘迺迪、埃里希·佛洛姆

提出的概念、理論、方法

知識經濟、全球經濟、多元社會、社群

➢ 暢銷全因書名

每隔數百年，歷史就會發生一次重大的轉換。杜拉克在1969 年書寫《斷層時代》的時候，看見了歷史的重大斷層。這種情形宛如地底深處的板塊大挪移，整個時代突然進入重大轉換期。

杜拉克認為斷層會發生在四個世界。

第一：產生新技術和新工業。同時，現今的大型工業將步向腐化衰落。

第二：世界經濟的結構轉變。世界將轉變為一個如全球購物中心的單一市場。

第三：社會和政治的轉變。社會將由各種組織形成一個組織社會，同時擴大對中央集權政府的幻滅。

第四：知識定位和內容的轉變。知識將成為最大的財產。

杜拉克認為，僅靠政府的能力沒辦法解決社會問題，不過單憑各個人的力量亦同樣不可能。唯有透過人與人一起勞動的組織的力量，始得化不可能為可能。由此，各種組織並存的組織社會即將來臨。

在本書當中發表的民營化的構想，爾後為英國保守黨納入政策綱領，並由時任英國首相的柴契爾夫人推動國有事業民營化。此後包含日本在內，民營化浪潮逐漸地擴大到世界各地。

書中出現的下列語句，彷彿就反映了目前日本的現況。

「我們現在面臨的選擇題是，要選擇一個龐大卻無能的政府？還是致力於決策和引導，然後將執行委由其他組織的強大政府呢？」

果然不出所料，這本著作不僅在全世界，在日本國內更是受到壓倒性的支持，很快就成為了暢銷書。更意外的是，出版社的辦公大樓竟還被戲稱為「斷層大樓」。這本著作之所以能獲得如潮的好評，其中一個原因應該就是絕妙的書名吧？

原著書名是*The Age of Discontinuity*。如果採用一般譯法，就是「不連續的時代」。不過譯者林雄二郎則將它譯為「斷層時代」，是不是非常符合這個時代，充滿戲劇氛圍呢？如果書名採用「不連續的時代」，我想出版社的大樓應該早就泡湯了。

這本書出版後不久，我也以讀者的身分拜讀了一番。現在再回頭看當時的那本書，書裡面到處劃滿了紅線，筆記寫得密密麻麻的，連我自己都很驚訝。

很幸運地，我在1999年時獲得重新翻譯這本書的機會。重譯的時候，我檢視了所有的譯文。為什麼呢？這是因為文字是有生命的，不過唯獨「斷層」一詞，依舊原封不動保留。

《今日該成就什麼》

（《今日なにをなすべきか》，
中原伸之、篠崎達夫、武井清譯，鑽石社，1972）

原書名：*Preparing Tomorrow's Business Leaders Today*（1969）

中文版：台灣未發行

主要內容

本書收錄了在紐約大學商學院 50 週年紀念座談會裡發表的論文，並由同樣在紐約大學執教鞭的杜拉克負責編纂。全書 23 章當中，杜拉克的論文占了三篇（前言〈我們是如何習得的？」、第Ⅰ部 6〈商業與生活的品質〉、第Ⅳ部 23〈培育明日的商業領導人〉）。另外，索尼創辦人盛田昭夫的論文也收錄在內（第Ⅲ部 16〈日本的管理〉）。

目　錄

《知識時代的形象》

（《知識時代のイメージ》，村上恒夫譯，鑽石社，1969）

原書名：*Peter F. Drucker's Essay Collection*（1969）

中文版：台灣未發行

主要內容

人類的目的是什麼？最終目標是什麼？在社會、經濟、政治領域中，人類的行動是什麼？而且這些事物呈現何種風貌？

本著作是一部向世界提問各種事務形態的論文集。

目　錄

Ⅰ「生存意義」與職業：1 職業是否不分貴賤／2 職業選擇與「生存意義」／3 浪漫世代／4 技術創新與教育／5 別成為沒燃料的火箭

Ⅱ 知識時代的管理：1 傳統管理假設的終結／2 專業經理人的條件／3 年輕人正對企業失望／4 知識時代的管理與形象

Ⅲ 技術是否能改變人類：1 20 世紀「技術創新」的產物／2 技術是否能改變人類／3 管理者與溝通

《新管理行動的探索》

（《新しい経営行動の探求》，小林薫編譯，鑽石社，1973）

原書名：*Management Tomorrow*（1972）

中文版：台灣未發行

主要內容

在《斷層時代》一書中預見的變化，要如何反映在商業上的行動和決策面？本著作即在説明其方法，亦即是前作的「行動篇」。鑽石社主辦的加州研討會用的講義、與日本經理人之間的座談內容，皆收錄於本著作。

目　錄

專欄 Column

論文著作亦豐富的杜拉克：1970 年代未翻譯的三本書

Technology, Management, and Society（1970）

（中文版：《技術、管理與社會》，白裕承譯，博雅出版，2020）

本書由 13 篇論文構成，主要在探討技術與科學、工程學、社會、政治的關係。對於將技術萬能的思維，應用在解決社會或政治問題上有疑慮的人，杜拉克的這本洞察之作應該能讓人有所啟發。

Men, ideas, and Politics（1970）

（中文版：《人、思想與社會》，林麗雪譯，博雅出版，2022）

本書亦由 13 篇論文構成，主要在討論以人、思潮、政治為中心的社會，例如亨利．福特、日式管理、美國總統等。其中一篇探討人類存在的論文〈不合時宜的齊克果〉尤其值得關注。論文內容與約翰．C．卡爾宏的政治哲學有關，該政治哲學旨在研究美國政治和政策所存在的幾項基本原則。

***People and Performance: The Best of Peter Drucker on Management*（1977）**

（中文版：《人與績效》，洪世民譯，博雅出版，2022）

這是一本深入探討管理、經理人、事業、成就、優勢和貢獻等本質的著作，由 26 篇論文組成，其中包含了為《華爾街日報》撰寫的論文。

《管理——課題、責任、實踐》

（《マネジメント—課題、責任、実践》，上田惇生譯，鑽石社，2008）

原書名：*Management: Tasks, Responsibilities, Practices*（1973）

中文版：《管理大師彼得．杜拉克最重要的經典套書：管理的價值、經理人的實務、經營者的責任》，李芳齡等譯，天下雜誌，2020

主要內容

所謂的管理，不光只是針對企業，對於政府機關、大學、醫院、家長教師協會（PTA）、自治會等所有組織而言均不可欠缺。組織的社會性使命是什麼、若要完成使命該建立何種組織體制等，諸如此類關於管理的本質性課題、功能、實踐方法，皆網羅在本著作中。

值得一提的是，書中還言明管理中不可或缺的資質是「真摯」。

在所有組織都必須擔負社會責任的現今，更凸顯出本著作的重要性，多所大學、商學院、管理講座課程，均使用本著作為教科書。

目　錄

〈上〉

前言　管理：從一股熱潮到成果

第 1 章　管理的崛起／第 2 章　管理熱潮的教訓／第 3 章　挑戰管理

第 I 部　管理的功能

第 4 章　管理的功能／第 5 章　事業管理：西爾斯百貨的故事／第 6 章　何謂企業／第 7 章　目的與任務／第 8 章　目標：瑪莎百貨的故事／第 9 章　目標設定與執行／第 10 章　戰略計劃是企業家級的技能／第 11 章　多元社會的到來／第 12 章　公共服務機構鬆散不振的原因／第 13 章　例外的存在與教訓／第 14 章　公共服務機構的成功條件／第 15 章　新現實／第 16 章　被動工作、主動勞動、勞動者／第 17 章　創造工作效率：統籌工作分析與流程／第 18 章　創造工作效率：管理方法與工具／第 19 章　勞動者與管理勞動／第 20 章　成功的故事／第 21 章　工作責任／第 22 章　僱用與所得／第 23 章　唯有人力是最大的資產／第 24 章　管理與社會／第 25 章　社會衝擊的處理與社會貢獻／第 26 章　社會責任的極限／第 27 章　企業與政府的關係／第 28 章　專業人士的倫理：別明知故為害

〈中〉

第 II 部　管理的方法

第 29 章 管理的必要性／第 30 章 何謂管理？／第 31 章 管理的工作／第 32 章 管理工作的設計／第 33 章 管理教育／第 34 章 自我目標管理／第 35 章 中階管理／第 36 章 重視成果的精神／第 37 章 決策／第 38 章 溝通／第 39 章 管理方法／第 40 章 管理與科學／第 41 章 組織的新需求／第 42 章 組織的基本單位／第 43 章 組織基本單位的定位／第 44 章 組織的設計原理與組織規模／第 45 章 重視工作任務的組織：職能型組織和團隊型組織／第 46 章 重視成果的組織：聯邦分權組織和仿分權式組織／第 47 章 重視關係的組織：系統型組織／第 48 章 關於組織結構的結論

〈下〉

第 III 部 管理的策略

第 49 章 德國銀行的故事／第 50 章 高階管理層的工作／第 51 章 高階管理層的結構／第 52 章 董事會／第 53 章 規模的適切性／第 54 章 小型、中型、大型企業的管理／第 55 章 規模的管理／第 56 章 發展多角化的誘因／第 57 章 多角化的核心／第 58 章 多角化的管理／第 59 章 全球化的管理／第 60 章 成長管理／第 61 章 創新管理

結論 管理的正當性

書中主要企業與組織

西爾斯．羅巴克公司、IBM、三菱集團、GM

書中登場人物

腓德烈．溫斯羅．泰勒、埃爾頓．梅奧、約翰．加爾布雷斯、小托馬斯．J．沃森、亨利．福特、艾爾弗雷德．史隆

提出的概念、理論、方法

X 理論、Y 理論、目標管理、團隊型組織

杜拉克為何是「管理學之父」

第一次接觸到杜拉克，是我剛上大學閱讀《現代的管理》。會再次和他「重逢」，則是在我結束免費橫跨美國之旅，回到大學復學，然後在經團連事務所任職的時候。

因為在經濟團體任職，所以前輩要求我翻譯經濟相關的英文書籍，並藉此學習。進入翻譯團隊之後，我們翻譯的第一本書是杜拉克後來在《創造的管理者》中，推薦的《危機中的大企業》（理查德．奧斯丁．史密斯〔Richard Austin Smith〕著，1965 年）。

那本書出版一個月後，編輯拿著《年輕的管理精英們》（沃爾特．古扎迪〔Walter Guzzardi〕著，1966 年）來找我，問我這次要不要試著獨自翻譯看看。沒想到為書寫推薦序的人

居然是杜拉克，所以這便是我第一次翻譯他的文章。

爾後，由於杜拉克撰寫了一本大部頭的書，編輯邀請我加入翻譯團隊，於是我加入了野田一夫老師帶領的翻譯團隊。那本著作就是原著有 800 頁，翻譯書多達 1,300 頁的《管理——課題、責任、實踐》。

從這麼龐大的頁數即能明白，此著作是杜拉克在顧問經驗上的累積，堪稱是管理學集大成的一部書籍。而且這本著作和《現代的管理》相隔 20 年之久，因此內容不僅有些許變化，理論方面也進化得簡明又更加精闢。

首先，杜拉克在一開頭就先針對管理進行說明：「使自己的組織對社會做出貢獻，並具有三種功能」，其分別是「使組織完成特定的使命」、「透過工作發揮員工所長」、「處理帶給社會的影響，同時對社會問題做出貢獻」。

然而，僅在「事業」、「人員」、「社會」揭示其功能，無法實現有效用的管理。不僅如此，由於社會和經濟擁有一夜之間消滅任何企業的能力，所以必須持續進行符合社會和經濟需求的生產性工作。

因此杜拉克認為，要將效用落實在具體的目標。例如「行銷」、「創新」、「生產性」、「人才」、「物資」、「資金」、「社會性責任」、「作為條件的利益」等；亦即把管理的功能，反映在能具體努力的各個論述中。或許這就是杜拉克被稱為「管理學之父」的原因吧！

另外，本著作中還有許多動人心弦的名言，尤其是「絕不明知其害而為之」（Not knowingly to do harm）這句話，我想應該也有不少人聽過吧。

這句「絕不明知其害而為之」，變化自希臘名醫希波克拉底（Hippocrates）的誓言，指出專業人士須遵守的職責。

「作為專業人士者，無論是醫師、律師或是經理人，都無法向客戶承諾必定能有好結果，只能盡力而為。即使如此，仍必須承諾絕對不會故意造成傷害。作為顧客者，必須相信專業人士絕對不會故意造成傷害。否則專業人士的任何行動將無法獲致信任。」

身為專業人士的責任和矜持，不需外求只要反求諸己。杜拉克上述的這幾句話，不啻為超越時代，可援用作時時自省的良言。

此外，本書除了下面列舉的「抄譯」和「精簡版」，另有兩種修訂版。一是大學生專用的教科書《管理導論》（林麗冠譯，博雅出版，2021；英文版 *An Introductory View of Management*，1977），每個章節的最後，均附 10 ～ 20 個問題。另一主要是根據 1985 之後的論述研究，修訂完成的《管理（修訂版）》（顧淑馨譯，博雅出版，2022；英文版 *Management Revised Edition*，2008），日本版預定 2012 年夏季出版。

《管理〔精簡版〕》

（《マネジメント〔エッセンシャル版》，上田惇生譯，鑽石社，2001）

原書名：*Management: Tasks, Responsibilities, Practices*（1973）

【註】本書於 2001 年修訂 1975 年以來再版 36 回的《抄譯管理》。

中文版：台灣未發行

主要內容

本著作與同為精簡版的《抄譯管理》相距有四分之一世紀。《抄譯管理》是一本專為初學者彙整的正統管理入門書，書中內容擷取自，世界首部系統化管理知識的巨著《管理——課題、責任、實踐》。本書即是在既有的基礎上，再加入新管理觀點的全新版本。

對在組織工作的每個人而言，管理就像是道路指標。因此本著作分別彙整了管理的使命、方法、策略，以提供給未來的領導人、團隊領導者、高階經理人參閱應用。

目　錄

工作與人類／第 4 章 社會責任

PART 2 管理的方法

第 5 章 經理人／第 6 章 管理的技能／第 7 章 管理的組織

PART 3 管理的策略

第 8 章 高階管理／第 9 章 管理的策略

附錄 管理的典範已經改變

書中主要企業與組織

西爾斯．羅巴克公司、IBM、三菱集團、GM

書中登場人物

腓德烈．溫斯羅．泰勒、埃爾頓．梅奧、約翰．加爾布雷斯、小托馬斯．J．沃森、亨利．福特、艾爾弗雷德．史隆

提出的概念、理論、方法

X 理論、Y 理論、目標管理、團隊型組織

➢「這本書太厚了，出精簡版吧」

《管理——課題、責任、實踐》這部 1,300 頁的巨著出版不久，我馬上就寫信給杜拉克：「那本書太厚了，內容有許多

重複的部分。我會在不改變內容的情況下，提供精簡版給您確認。若是可行，希望能由我來翻譯。」現在回想起來，當時初生之犢的我，如此莽撞會不會對人家太失禮了。

杜拉克本人似乎也覺得原著的內容龐大，於是回信說：「那請你讓我看看精簡版。」當時，我在完全沒有修改原文的情況下，只刪除重複和不重要的部分後，內容自然就縮減了。那本精簡之作就是《抄譯管理》（1975 年發行）。當時列在書中的「原著內容與抄譯版內容對照表」，置於此文之後供大家參考。

當然，那時不了解的地方或曖昧不明的地方，在「不懂就要問」的原則下，我全都向本人詢問確認過。總之，這本原著多達 800 頁的書，我至少就確認了 100 多處吧！多虧讀者們的愛戴，《抄譯管理》成了長期暢銷書，出版 25 年間已經再版 36 回了。

這本《管理〔精簡版〕》即是《抄譯管理》的重譯版。有一本銷售量超過 270 萬冊的超級暢銷書《如果高中棒球社女經理讀過杜拉克的「管理學」》（簡稱『如果杜拉克』），故事女主角川島南捧在手上讀的，就是這本書。

企劃這本精簡版的緣起是，杜拉克在最新的論文中寫道：「管理的典範已經轉移。」既然典範（結構）已經轉移，翻譯應該也要跟著改變。於是我便著手翻新《抄譯管理》的翻譯和編輯，然後加上杜拉克最新的論文，新作《管理〔精簡版〕》就此誕生。

當然，譯文也是從頭開始檢視起。後來成為《如果杜拉克》一書中的關鍵字「真摯」（integrity），亦是在這個時候才發想到的。我過去都把「integrity」翻譯成「誠實」，但總覺得好像不夠貼切，一直把這個字掛在心上。然後某天，我在新成立的製造大學（崎玉縣行田市）附近的田間小徑散步時，靈光乍現肯定是「真摯」這個名詞了。

岩崎夏海先生創作的《如果杜拉克》是本非常棒的書。故事是女高中生閱讀杜拉克的著作，從而逐漸改變弱小的棒球社。最令我感動的是，作者居然能從《管理》的精簡版，創作出這麼一本虛擬故事小說，簡直可作為一件管理的個案研究。

《如果杜拉克》的暢銷，也帶動起這本精簡版的銷售。在 2011 年時，終於突破了一百萬冊的銷售量；並且在過去完全沒有讀過杜拉克的年輕人當中，掀起了一股閱讀杜拉克的熱潮。

杜拉克的著作能夠愈來愈普及，當然非常讓人開心，可是依然有些許令人遺憾的地方。那就是因為《管理〔精簡版〕》變得太有名，導致只有杜拉克的管理學受到關注。

不過如同本書所提，杜拉克是現代社會中，學識內涵最廣博高深的哲學家。

《管理》原著內容與〔抄譯版〕內容

【原書內容】	【抄譯版內容】
Preface: The Alternative to Tyranny	前言　專制的替代品
Introduction: From Management Boom to Management Performance 1. The Emergence of Management 2. The Management Boom and Its Lessons 3. The New Challenges	序・新的挑戰
Part 1. The Tasks	**第 I 部　課題**
4. The Dimensions of Management	1 經理人的課題
Business Performance	**第1章 企業的績效**
5. Managing a Business: The Sears Story 6. What Is a Business?	2 何謂企業
7. Business Purpose and Business Mission	3 企業的目的
8. The Power and Purpose of Objectives: The Marks & Spencer Story and Its Lessons 9. Strategies, Objectives, Priorities, and Work Assignments	4 企業的目標
10. Strategic Planning: The Entrepreneurial Skill	5 戰略計畫
Performance in the Service Institution	**第2章 公共機構的績效**
11. The Multi-Institutional Society	6 何謂多元化組織社會
12. Why Service Institutions Do Not Perform	7 公共機構鬆散不振的原因
13. The Exceptions and Their Lessons 14. Managing Service Institutions for Performance	8 成功的條件
Productive Work and Achieving Worker	**第3章 工作與人類**
15. The New Realities	9 新現實
16. What We Know (and Don't Know) About Work, Working, and Worker	10 工作與勞動

【原書內容】	【抄譯版內容】
17. Making Work Productive: Work and Process 18. Making Work Productive: Controls and Tools	11 工作的生產性
19. Worker and Working: Theories and Reality 20. Success Stories: Japan, Zeiss, IBM	12 勞動與人類
21. The Responsible Worker 22. Employment, Incomes, and Benefits	13 責任與保障
23. "People Are Our Greatest Asset"	14 唯人力是最大資產
Social Impacts and Social Responsibilities	**第4章 企業的社會責任**
24. Management and the Quality of Life	15 經營管理與社會
25. Social Impacts and Social Problems	16 社會性衝擊與社會問題
26. The Limits of Social Responsibility	17 社會責任的極限
27. Business and Government	18 企業與政府
28. Primum Non Nocere: The Ethics of Responsibility	19 責任的倫理〈別明知其害而為之〉
Part 2. The Manager: Work, Jobs, Skills, and Organization	**第II部 經營管理**
29. Why Managers?	20 經理人之必要性
The Manager's Work and Jobs	**第5章 經理人**
30. What Makes a Manager?	21 何謂經理人？
31. The Manager and His Work 32. Design and Content of Managerial Jobs	22 經理人的工作與任務
33. Developing Management and Managers	23 經營管理開發
34. Management by Objectives and Self-Control	24 目標管理與自我管理
35. From Middle Management to Knowledge Organization	25 新中階層級與知識組織
36. The Spirit of Performance	26 組織精神
Managerial Skills	**第6章 經營管理技能**
37. The Effective Decision	27 決策
38. Managerial Communications	28 溝通
39. Controls, Control, and Management	29 掌控
40. The Manager and the Management Sciences	30 管理科學

【原書內容】	【抄譯版內容】
Managerial Organization	**第7章 經營管理組織**
41. New Needs and New Approaches	31 新需求
42. The Building Blocks of Organization...	32 組織的基本單位
43. ...And How They Join Together	
44. Design Logics and Design Specifications	33 組織的條件
45. Work- and Task-Focused Design: Functional Structure and Team	34 組織的設計原理
46. Result-Focused Design: Federal and Simulated Decentralization	
47. Relations-Focused Design: The Systems Structure	
48. Organization Conclusions	35 組織相關的結論
Part 3. Top Management: Tasks, Organization, Strategies	**第III部 管理戰略**
49. Georg Siemens and the Deutsche Bank	36 德國銀行的故事
Top-Management Tasks and Organization	**第8章 高階管理**
50. Top-Management Tasks	37 高階管理的課題
51. Top-Management Structure	38 高階管理的結構
52. Needed: An Effective Board	39 董事會
Strategies and Structures	**第9章 管理戰略**
53. On Being the Right Size	40 企業規模
54. Managing the Small, the Fair-Sized, the Big Business	
55. On Being the Wrong Size	
56. The Pressures for Diversity	41 多角化管理
57. Building Unity Out of Diversity	
58. Managing Diversity	
59. The Multinational Corporation	42 跨國企業
60. Managing Growth	43 成長管理
61. The Innovative Organization	44 創新
Conclusion: The Legitimacy of Management	結論 經營管理的正統性

《看不見的革命》

（《〔新訳〕見えざる革命──年金が経済を支配する》，
上田惇生譯，鑽石社，1996）

原書名：*The Unseen Revolution*（1976）

中文版：《退休基金革命》，許貴運譯，博雅出版，2021

【註】最新版的原著書名改為 *The Pension Fund Revolution*，日文版收錄在 1996 年的選書系列。

主要內容

20 年後，50 歲的人將會變成 70 歲的人。在討論焦點只著重於高齡者健康、居住問題等的時候，杜拉克不僅論及人口結構劇變的態樣與後果，同時指出年金基金將成為最大的資本家。

年金基金、存款儲蓄不足、運用失當等……問題不斷惡化的公務員年金，直到 21 世紀的今日，問題才大致浮上檯面。然而，杜拉克卻已在當時洞燭機先一語道破。

這本攸關高齡化社會的經典之作，至今仍是必讀之書。針對伴隨高齡化社會而來的經濟、社會、政治變動的論述，本書的觀點目前尚無人能出其右。

目 錄

書中主要企業與組織

GM、全美汽車工人聯合會（UAW）、美商帝傑投資銀行集團

書中登場人物

費爾南．布勞岱爾、約翰．加爾布雷斯、勞勃．孟岱爾

提出的概念、理論、方法

企業年金、公共年金、少子高齡化、公司治理、槓桿收購（LBO）

➢ 只有杜拉克「看得見」的革命？

「在我的著作當中，再也沒有一本書像這樣，在初版發行的時候，遭受到如此猛烈的抨擊。又或者是說，被如此的不屑一顧。本書只不過提出既定的事實罷了，可是那個既定的事

實，卻不符合 1976 年當時的『趨勢』。」

在 1996 年發行的「新版的序文」中，杜拉克做了上述的回顧。所謂的「看不見的革命」，是指包含美國在內的已開發國家正逐漸步入高齡化社會，再加上隨之而來的，杜拉克所說的年金基金社會主義。這場無人察覺、明明存在卻看不見的革命已經來臨。只要稍微觀察一下人口統計，任何人都能夠清楚地發現革命已經來臨。但很不可思議的，每個人都視若無睹，甚至也不願意接受杜拉克所陳述的「事實」。

「已開發國家可能會在流行、修辭、媒體用語等方面強調年輕，然而現實生活中，所有已開發國家在關注和行動兩方面，卻逐漸將重點放在中高齡和年金上。」不過，對於杜拉克提出的這個現象，完全沒有人聽得進去。

這個事實無人能夠避開，而且若要扶養快速增加的老年人口，就必須擴大財貨和服務的生產力。很明顯地，如果高齡者本身又不工作的話，社會將無法正常運作。杜拉克表示：「我們需要的是能夠長期工作的政策，不要讓長期工作的人蒙受損失」。

可是，儘管世界各地有那麼多的社會學者、政治學者、經濟學者，卻沒有人去思考高齡化社會，將會帶來什麼樣的社會、政治、經濟。為什麼我敢說得這麼肯定呢？因為在翻譯這本書的時候，我和共譯者佐佐木實智男，一起查閱過所有與高齡化社會有關的資料。

當時，擁有日本第一資料蒐集高手之稱的經團連圖書館員，收集了六十多筆資料。其中當然也有涉及到高齡者的社會福利、居住、運動等個別問題。不過那些資料裡面，卻完全沒有討論到高齡化社會是個什麼樣的社會？會帶來什麼樣的政治？會產生什麼樣的經濟？甚至如果說，迄今仍沒有相關資料也是一點都不誇張。

翻譯的時候，我不只會閱讀原著《看不見的革命》，還總是會盡可能地涉獵與主題相關的文獻。而且甚至還會做到寫成一本小書的程度。雖然需要花很多時間進行準備工作，不過之後的翻譯作業就會變得更加輕鬆。

相同觀點或內容類似的文獻，我也同樣來者不拒。這是因為同時閱讀原著和文獻，可以讓原著的主題內容看起來更清晰立體。就跟左右眼的相互關係一樣，正因為兩眼之間有些微間距，我們辨識的物體看起來才是立體的。

這是我第一次以主譯者的身分，和其他譯者合作的書，因此特別令我難忘。據說當杜拉克詢問某位企業家：「你覺得這次的翻譯怎麼樣？」他回答道：「比你的英文更容易理解。」我和杜拉克之間的信賴關係，應該就是從那個時候奠定的。

我和杜拉克之間的直接往來，就是從那個時候開始逐漸增多的。現在，留在我手邊最古老的信件是，1976 年 6 月 23 日，杜拉克感謝本書翻譯完成的致意函。信函中的文字如下：

「非常感謝您的努力，我覺得這本書的翻譯特別困難。希望日文版能夠成功、您的辛勞會有回報。」

專欄 Column

致 30 年後的日本財經界：來自《看不見的革命》的訊息

「我要對財經界發揮的社會領導力表達敬意。如果要我提供建言的話，我會建議擬定一個延長退休的具體辦法，以作為因應高齡化社會的對策。如果不將退休年齡延長至 75 歲，一個先進社會的發展將會無以為繼。不過我個人認為，要實施這個政策的條件是，必須把 60 歲以上的高齡者，從生產線轉調到專業職務、使僱用型態更加靈活彈性、同時增加留任現職工作的吸引力等。」

（1996 年 2 月 19 日，我當時以經團連公關部長的身分，
邀請年 86 歲的杜拉克，提供建言予經團連願景 2020）

因為難得有這個機會，能夠獲得現代社會最偉大哲學家的教導。所以我不斷地向經團連的會長、副會長、委員長，講述杜拉克撰寫的著作和評論。我在與報紙、電視記者、時事評論人士座談時，也會順便介紹杜拉克，大家也都很捧場。我也曾直接拜託杜拉克，讓我們從他的幾十本著作中，擷取值得日本財經界借鏡的部分，並無償授權我們長期連載在經團連的官方書刊上。當時報紙還報導說，我的做法「對經團連的活動很加分」。

《挑戰局面》

（《状況への挑戦——実践マネジメント・ケース 50》，
久野桂、佐佐木實智男、上田惇生譯，鑽石社，1978）

原書名：*Management Cases*（1977）

中文版：《杜拉克管理案例集》，白裕承譯，博雅出版，2023

主要內容

杜拉克的第一本個案集。個案的目的不在於直接給予答案，而是提出問題。修訂版 *Management Cases Revised Edition*（2009）的日文版預定 2012 年秋季發行。

目　錄

第 I 部　企業的業績／第 II 部　公共機構的業績／第 III 部　工作與人類／第 IV 部　企業的社會責任／第 V 部　經理人／第 VI 部　經營管理技能／第 VII 部　經營管理組織／第 VIII 部　戰略與組織

《旁觀者的時代》

（《傍観者の時代》，上田惇生譯，鑽石社，2008）

原書名：*Adventures of a Bystander*（1979）

中文版：《旁觀者：管理大師杜拉克回憶錄》，廖月娟譯，天下文化，2016

主要內容

1923 年，在 14 歲生日的前夕，少年杜拉克高舉著紅旗，嘴裡唱著勞動歌曲，一邊闊步走在紀念廢除帝制暨實施共和制 5 週年紀念的遊行隊伍前頭。就在眾人情緒即將達到最高潮的時刻，少年杜拉克離開了隊伍。那是他意識到「自己是個旁觀者」的瞬間。杜拉克在此書中以旁觀者的身分，詳細描繪佛洛伊德、波蘭尼一家等前輩、朋友的人生以及那個時代。

目　錄

前言　旁觀者就此誕生

第 I 部　失去的世界

第 1 章　老奶奶與 20 世紀的失物／第 2 章　黑森林家族的沙龍與「戰前」症候群／第 3 章　愛莎老師與蘇菲老師／第 4 章　佛洛伊德的錯誤和偉大的挑戰／第 5 章　特勞恩伯

爵和舞台劇女伶瑪麗亞・穆勒的故事

第 II 部 歐洲的人們

第 6 章 波蘭尼家族與「社會時代」的終結／第 7 章 打造季辛吉的男人克雷馬／第 8 章 怪物亨修和小羊謝費的命運／第 9 章 反體制運動家布萊爾斯福德的挫折／第 10 章 商業銀行的世界／第 11 章 弗利柏格商會的情婦

第 III 部 美國的日子

第 12 章 亨利・魯斯與「時間」、「財富」／第 13 章 科技的預言者：富勒和麥克魯漢／第 14 章 專業經理人艾爾弗雷德・斯隆／第 15 章 好好先生時代的美國

書中主要企業與組織

納粹、TIME、IBM、GM、福特、美國產業工會聯合會（CIO）

書中登場人物

西格蒙德・佛洛伊德、卡爾・波蘭尼、麥可・波蘭尼、亨利・季辛吉、亨利・魯斯、巴克敏斯特・富勒、馬歇爾・麥克魯漢、艾爾弗雷德・史隆

➢ 宛如小說般的前半生

杜拉克發現自己是個「旁觀者」的時候，是在 1923 年 11 月 11 日，祖國奧地利在首都維也納慶祝推行共和制而舉辦遊行的期間。13 歲的杜拉克少年在遊行將要邁入最高潮的時刻，突然默默地將手中的紅旗，交給正後方的女子醫科大學生，接著便離開了隊伍。看到早早回家的杜拉克，母親感到十分詫異地問道：「是不是身體不舒服？」杜拉克回答：「真的太棒了！我知道那裡不是我該待地方」。

杜拉克之所以會把自己定義為「社會生態學者」，原點就在這裡。在年僅 13 歲的少年時代，他就已經意識到自己是一個感知者，一個「觀察者」，而不是分析者。

從國高中一貫制的升學學校畢業後，杜拉克離開了維也納，到德國漢堡的貿易公司任職。該公司專營出口印度的五金，他在那裡擔任庫存管理。可是為了雙親，他還是在漢堡大學留下了學籍。由於辦公室的文書工作太過無趣，所以沒過多久，杜拉克就搬到法蘭克福，並將學籍轉到法蘭克福大學，然後一邊在證券公司任職。爾後，公司因為經濟大蕭條的影響而倒閉，於是杜拉克又轉任晚報《法蘭克福日報》的經濟記者。

在法蘭克福的那段期間，成為納粹幹部的同事記者表示「希望他幫忙」，極力勸他入黨，不過杜拉克拒絕了。他意識到自己恐怕沒辦法在希特勒統治下的德國從事教職或是文字工作，於是便搬到了倫敦。

去到倫敦後，杜拉克很幸運地在商業銀行找到了分析師兼合夥人的工作，事業一帆風順。他之後在皮卡地里圓環地下鐵的手扶梯上，和法蘭克福大學的學妹桃樂絲戲劇化地重逢，也是在這個時期。然而，杜拉克厭倦了金錢遊戲；於是他在1937年帶著新婚的妻子桃樂絲，前往完全沒有任何地緣關係的美國。

本書的內容將杜拉克的生平分成青少年期、歐洲篇、美國篇三個部分，並描繪了接續第一次世界大戰、經濟大蕭條、第二次世界大戰後的動盪時代。杜拉克本人說：「這是我一直很想寫的一本書。」這本著作同時也是許多杜拉克迷表示是他們最喜歡的一本書。如果要了解杜拉克和他的思想，再也沒有比這本書更好的選擇了。

專欄 Column

熱愛日本美術的杜拉克夫婦

杜拉克和日本美術的邂逅非常偶然。1934 年 6 月的某個星期六下午，從公司下班回家的路上，走在倫敦街頭的杜拉克為了躲雨，偶然進入了一間畫廊。當時畫廊正在展出日本繪畫展。「毫無疑問地，那是一種前所未有的頓悟感。」因緣際會下，杜拉克愛上了日本美術。

然後，在杜拉克移居美國，停留在華盛頓的期間，他經常拜訪佛利爾美術館。當美術館館員指出，杜拉克似乎非常喜歡日本室町時代水墨的山水畫，他這才意識到自己喜愛日本美術。除此之外，他也非常喜歡風外慧薰、白隱慧鶴、仙崖義梵等畫家的畫作。

爾後，杜拉克開始收集 15 ～ 16 世紀的山水畫和禪畫等畫作。收藏的判斷標準是，選品眼光和他同樣有謐靜品味的桃樂絲，「兩人的意見一致，或是沒有過於強烈的意見分歧，就會決定購買」。

杜拉克的收藏品名為「山莊收藏」，在日本國內已經舉辦過好幾次展覽。之後，杜拉克評論松坂屋水墨畫名作展的文章，以《日本畫中的日本人 —— 杜拉克的世界》（《日本

画の中の日本人——付・ドラッカーの世界》，鑽石社，1979）*為名發行。

---

* 編注：該篇文章英文原文為 *A View of Japan through Japanese Art*，中文版〈由日本藝術看日本〉收錄於《社會生態願景》第七部第 25 章（胡瑋珊、白裕承譯，博雅出版，2020）。

《動盪時代的管理》

（《乱気流時代の経営》，上田惇生譯，鑽石社，1996）

原書名：*Managing in Turbulent Times*（1980）

中文版：《動盪時代的管理》，顧淑馨譯，博雅出版，2021

主要內容

本書發行於 1980 年，當時第二次石油危機才剛結束不久，全球經濟正隨著技術和經濟的進步迅速發展。因此，本書的內容主要在探討：結構急遽變化的本質究竟是什麼？身在其中的我們又該做些什麼？

本書不是討論「時代」或「轉換」的書，但之所以歸類為「管理」書籍，是因為動盪時代也需要管理。

將變化的威脅轉化成機會——這本提供方向指標的著作，可說是泡沫經濟時代必讀的管理方針，非常適合作為身處當今時代重溫的書籍。

目　錄

第Ⅱ部 管理未來

第 1 章 集中追求成果和捨棄過去／第 2 章 成長的管理／第 3 章 創新管理／第 4 章 明日的策略／第 5 章 管理的評價

第Ⅲ部 管理結構變化

第 1 章 新現實／第 2 章 全球性生產分工／第 3 章 消費市場的變化／第 4 章 勞動力的變化與多樣化／第 5 章 創造就業和剩餘勞動力對策

第Ⅳ部 管理動盪

第 1 章 全球經濟和全球貨幣／第 2 章 國家主權的終結／第 3 章 準已開發國家登場／第 4 章 受僱者社會與新中產階級／第 5 章 財產與力量、知識與責任／第 6 章 企業與政治

結論 管理的挑戰

書中主要企業與組織

GE、GM、德國銀行、三井集團

書中登場人物

凱因斯、海耶克、泰勒、馬克思、阿爾弗雷德．馬歇爾、馬歇爾．麥克魯漢、赫伯特．賽門

提出的概念、理論、方法

市場區隔、流動性管理（金流管理）、生產管理、員工持股計畫（ESOP）、生產共享

➢ 今日重溫泡沫時代預知書的意義

本書問世的時間是 1980 年，第二次石油危機才剛結束。杜拉克將當時的世界情勢譬喻為「亂流」，並闡述在這個動盪的世界中該如何進行管理。

當時的日本正處於泡沫經濟前夕。那不僅是個土地和股票快速飆升的混亂時代，也是企業只要開店就能賺錢的時代。甚至還有企業若不買土地或股票，就會被嘲笑為笨蛋的趨勢。然而，這種行為只會讓土地價格不斷上揚，帳面上的漂亮數字全都是虛假的利益。

如果當初有讀這本著作，可能就不會被泡沫經濟操弄……縱使有這種喟嘆，但對於實際經歷過那個時代的人來說，或許他們也曾經想過事情太過美好，不過偏偏就是身不由己，這或許也是不爭的事實。

正因為如此，杜拉克以下的這句話才會如此沉重：

「在動盪的時代裡，管理階層的最大責任是確保組織的生

存。必須健全並堅固組織的結構，如此才能承受住各種打擊。接下來便是適應急遽的變化，同時緊抓住機會。」

前陣子我剛好有個機會，可以和在 IT 領域創業的年輕企業主座談。雖然 IT 業目前確實已榮景不再，但這個業界仍是成功機率較高的領域。就是因為在這樣的業界工作，所以我希望他們能閱讀這本書。

仔細想想，從希臘債務危機開始，全球性不景氣持續至今日的當下，仍然稱不上是個和平穩定的時代。因此，或許現在更應該要重新翻開《動盪時代的管理》來好好閱讀，而不該把已發生的事視為過往雲煙。

每隔幾年，就應該針對所有的產品、服務、流程、商業模式拋出如下的提問：「假設目前仍尚未做過，待日後以明確的新知識著手進行時，也應該自問，這麼做是明智的嗎？」我想這個重要的問題，無論在哪一個時代都是共通的。

我如果發現自己有些許成長，那不會是因為我已經看過一次杜拉克的著作，就不再回頭去看，而是我重讀了一遍又一遍。這是因為每次重讀，都能有新的發現。

有時會發現某些意想不到的全新關聯，有時則能獲得某些全新知識。要獲得這種新體驗，只要再次把那本書從書架上拿下來就可以了，完全不需要花半毛錢，天底下再也沒有比這個更便宜的了。我甚至經常開玩笑地說，真希望杜拉克著作的售價，能比其他書籍貴上好幾百倍，因為我親身體驗了這種效果。

如果讀了某本書，自己卻完全沒有半點成長，雖然遺憾，但或許沒有必要再次回頭閱讀。一樣的憾事，就是即使回頭閱讀了好幾次，但每次都只停留在相同的地方；那麼，這也是沒有成長的證據。

《日本成功的代價》

（《日本成功の代償》，
久野桂、佐佐木實智男、上田惇生譯，鑽石社，1981）

原書名：*Toward the Next Economics and Other Essays*（1981）

中文版：《邁向經濟新紀元及其他論文》，白裕承譯，博雅出版，2021

主要內容

1970 年代發生的巨大變動，如人口結構、組織功能、科學定位等，均關連到今日這個已發生的未來。本書即收錄了杜拉克探討此一關聯的各領域論文。

目　錄

日本成功的背後／迎戰嚴峻時代的日本／尋求新經濟學／環境十字軍的救濟：避不開高成本的環境保護／企業與技術／跨國企業與開發中國家：神話與現實／目標管理的意義：行政改革指南／科學管理法的今日意義／沉悶的董事會：董事會改革之道／強制退休制度背後的陰影：改變退休制度的時代來臨／科學與產業：對立又相互依存的問題／六大罪：公共機構做不出績效的方法／透過日本美術看日本

《變動中的管理者世界》

（《変貌する経営者の世界》，
久野桂、佐佐木實智男、上田惇生譯，鑽石社，1982）

原書名：*The Changing World of the Executive*（1982）

中文版：《變動中的管理界》，許貴運譯，博雅出版，2021

主要內容

先進社會是擁有高度專業知識的人們，共同勞動的組織社會，文明的進步、個人的幸福，全都取決於組織管理的優劣。管理者分內之事、利潤與成長、非營利組織、何去何從的日本經濟政策、社會高齡化與強制退休制度、工會的侷限、企業倫理等；本著作提出的問題，至今仍是熱門話題。

書中內容主要彙整了刊載在《華爾街日報》的論文，每篇文章都十分簡短易讀，不過內容卻極富深意。

目 錄

過高了／5 管理者退休制度帶來的影響／6 董事會應做的工作與責任／7 資訊技術發達帶來的衝擊／8 借鏡日本和歐洲學習的管理／9 透過企業收購獲致成功的五大原則

II 企業的業績

10 名為「利潤」的幻想／11「成長十年」帶來的變化／12 提高生產的最有效方法／13 關於經濟的六大迷思／14 衡量企業業績的最佳標準／15 為何消費者不按預測行動／16 企業必須有成長策略／17 美國的「再工業化」／18「美國病」的真正原因

III 非營利部門

19 非營利機構的業績為何／20 提高知識工作者的生產性／21 為了有意義的行政改革／22 減少中的工會會員／23 醫療保險制度的將來／24 站在風口浪尖的大學教授們／25 1990 年的學校

IV 職場人

26 女性與高齡者重返職場／27 強制退休制度的延長與廢除將不可避免／28 1968 年畢業的年輕管理精英們／29 失業統計的謊言與真相／30 新進員工的煩惱／31 工業結構的變化與防止過度就業的措施／32 作為財產權的僱用

V 轉變中的世界

33 持續倍增的生產共享／34 處於轉折點的日本經濟政策／35 共同決策之戰／36 錯誤政策引起的保護主義反彈／37 適用於印度的技術為何／38 追求新的貨幣／39 日本人會西歐化到何種程度／40 完全投資預算的建議／41 回歸艱難的選擇

終章「企業倫理」的問題

書中主要企業與組織

西門子、GM、IBM、克萊斯勒集團、美國無線電公司（RCA）、HMO（美國健康維護組織）、洛克希德公司

書中登場人物

卡爾·馬克思、約瑟夫·熊彼得、吉米·卡特、約翰·梅納德·凱因斯、佛烈德利赫·海耶克

提出的概念、理論、方法

員工認股權、企業收購、知識工作者的生產性、強制退休制的延長、企業倫理、生產共享

➢ 會不會太浪費人才了？

《看不見的革命》的主題是高齡化社會，杜拉克針對此在本書第Ⅳ部第 27 章〈強制退休制度的延長與廢除將不可避免〉裡，提及以下這段話：

「在未來的時代裡，不管是企業、公會、政府都必須接受一個事實，無論人生或工作，都將在 65 歲之後再次重新開始。」

在本書發行的 5 年前，也就是 1977 年，加州通過了一條法令：禁止以年齡為理由強制退休。杜拉克當時根據現代的平均壽命和高齡者的健康狀態估算，他認為現代的 65 歲就相當於以前的 74 ～ 75 歲，並且斷言：「65 歲強制退休制度，就像是把還很健康有活力的人，丟進垃圾桶一樣。」對於總是以人為本的杜拉克來說，他應該無法容忍如此粗暴待人的慣習。

現在 65 歲強制退休制度，已是日本國內掀起討論的話題。不過其實早在四十多年前，杜拉克就已經說過：「65 歲強制退休制，是『很久以前』的時代錯誤。」

另外，杜拉克在《看不見的革命》一書中表示，如果高齡者沒有持續工作，「社會將承受不住」。杜拉克認為相較於過去，現在的工作不需要太多激烈的體力勞動，高齡者本身也希望繼續工作，而且社會也需要他們的智慧和經驗。所以應該要制訂一套高齡者可以接納的共通標準，讓他們在已經無工作的時候願意自動離職。

可是現在的日本是什麼情況呢？目前大家討論的都不是「社會」，而是「会社（公司企業）」承受不住的話題。明明很多人都讀過《看不見的革命》，但我們國家這 40 多年以來，怎麼至今仍在原地踏步呢？著實令人愕然。

專欄 Column

只是聆聽的人和事業成功的人

1981 年《日本成功的代價》出版之前的 1950 年代，杜拉克在紐約大學研究所授課時，也曾經談論過高齡化社會。當時的授課內容是關於創新的七種來源。

聆聽授課的學生當中有三位年輕人，他們之後成立了一家證券公司，主要的業務是協助客戶管理規劃老年基金，公司名稱就取自他們三個創業者的姓氏「Donaldson, Lufkin & Jenrette（DLJ）／ 1959 年創業）」。接下來的十幾年，他們在事業上也獲致相當大的成功（爾後被瑞士信貸集團收購）。

很多人都類似如此，因為專心聆聽杜拉克說的話，而展開事業並獲得成功。因為杜拉克的教學、諮詢、演講、著作等，就像是背後的推手。

不過，當然也有人就只是聆聽而已。

《最後的四重奏》

（《最後の四重奏》，風間禎三郎譯，鑽石社，1983）

原書名：*The Last of All Possible Worlds*（1982）

中文版：《最後的美好世界》，陳耀宗譯，博雅出版，2021

主要內容

1906 年的歐洲，這個上世紀貴族、藝術家、工匠等生活的最後時代即將畫下句點。駐倫敦的奧地利大使索別斯基大公、銀行家兼數學家辛頓、同為銀行家的莫森索爾、聲樂家拉斐拉，有時擦肩而過、有時邂逅相遇，四個人一同合奏出的優雅流淌旋律，彷彿在感嘆逝去的 19 世紀。

本著作是杜拉克以 73 歲高齡所寫的首部小說。

《行善的誘惑》

（《善への誘惑》，小林薫譯，鑽石社，1988）

原書名：*The Temptation To Do Good*（1984）

中文版：《行善的誘惑》，陳耀宗譯，博雅出版，2021

主要內容

在校長神父海因茲・齊瑪曼的英明帶領下，聖葉理諾大學成為了美國數一數二的名校。然而出乎意料的一樁醜聞，卻在校內掀起波瀾蔓延開來。中傷齊瑪曼與副校長艾格尼絲之間關係的黑函，也不斷地被四處散播。

在世俗中陷入苦悶的大學、善良的心逐漸遭到侵蝕。本著作是杜拉克的第二本小說，追尋生活在這個時代的意義與道德。

《創新與創業精神》

（《イノベーションと企業家精神》，上田惇生譯，鑽石社、2007）

原書名：*Innovation and Entrepreneurship*（1985）

中文版：《創新與創業精神》，蕭富峰、李田樹譯，臉譜出版，2020

主要內容

本著作收集了大量的創新實例，仔細調查那些發想的過程，並將其彙整成任何人都能夠執行的方法論。

説到創新，許多人往往都會聯想到天才的靈光乍現，或是前所未有的新發明和新發現；但其實就創新的來源而言，這些的成功機率並不高。杜拉克為我們釐清了能帶來成功的創新，往往是日常業務中的非預期事件。書中內容依照「打擊率的高低順序」，介紹在日常生活中，可能成為創新來源的七個機會。

實現創新的原理和法則，從培養能善加運用這些機會的創業精神，到讓創新種子開花結果的戰略等，全數皆涵蓋在本著作中。

目　錄

第 I 部　創新的方法

第 1 章 創新與創業精神／第 2 章 創新的七個機會／第 3 章 利用非預期的成功與失敗：第一個機會／第 4 章 尋找差距：第二個機會／第 5 章 找出需求：第三個機會／第 6 章 了解產業結構的變化：第四個機會／第 7 章 關注人口結構的變化：第五個機會／第 8 章 掌握認知的變化：第六個機會／第 9 章 運用全新的知識：第七個機會／第 10 章 靈感帶來的創新／第 11 章 創新的原理

第 II 部 創業精神

第 12 章 創業管理／第 13 章 既有企業的創業精神／第 14 章 公共機構的創業精神／第 15 章 新創管理

第 III 部 創業戰略

第 16 章 全力投入戰略／第 17 章 游擊戰略／第 18 章 利基戰略／第 19 章 創造顧客戰略

結論 創業社會

書中主要企業與組織

麥當勞、GE、J · P · 摩根、AT&T 貝爾實驗室、3M、P&G、梅西百貨、IBM、松下電器、美林證券、克萊斯勒集團、富豪集團、MCI 通訊公司、花旗銀行、西爾斯百貨、索尼、吉列、全錄

書中登場人物

約瑟夫·熊彼得、亞當·斯密、卡爾·馬克思、澀澤榮一、維爾納·馮·西門子

提出的概念、理論、方法

BCG 矩陣、金流管理、康德拉季耶夫週期理論

➢ 創業精神視變化為理所當然

杜拉克說，人手創造出來的事物都不是絕對的，所有事物都會有過時的一天。所以為了避免過時被淘汰，就必須創新求進步。

過去的創新就像愛迪生那樣，是由傑出的個人創造出來的。可是現在人才、金錢等全都匯集在組織裡，正因為如此，隸屬於組織的每一個人更要以創新為志，秉持著創業精神才行。杜拉克認為，公司裡的每一個人都應該是名創業家。

著作中分享了創業成功的步驟、應當作與不應當作的事。

幸運的是，杜拉克指出，創新和創業精神不需要天生才能，人人都能夠學習。據說成功創新的人士都有下列共通點：「一起使用右腦和左腦，看數字同時也看人」、「分析需要何種創新以利抓住機會」。這些人士一般都非常願意「主動觀察

顧客或使用者，並具有了解他們的期待、價值和需求的洞察力。

不過問題點在於創業精神。杜拉克就這一點敘述如下：

「創業精神之所以伴隨風險，是因為大部分被視為創業家的人，多半不了解自己正在做的事情。也就是說，因為他們沒有所謂的方法論，不會去遵守基本的原理。這種狀況，尤其在高科技創業家的身上特別明顯。」

大企業的發展會停滯不前，就是因為創業精神不足；相反的，創業精神應該十分足夠的創投企業，大多數仍會失敗的原因，則在於管理能力不足。

不管怎麼說，「如果要讓創新成功，起頭時就必須以第一為目標」。從結果論而言，就看是要做一番大事業，還是要以平淡無奇收場。基本上如果沒有追求第一的決心，恐怕連獨立的事業都做不成。

今日，創業在日本已經成為理所當然。隨著時間的洗鍊，現在可說是本著作更令人感興趣並為人接納的時代了。

《管理的前沿》

（《マネジメント・フロンティア》，
上田惇生、佐佐木實智男譯，鑽石社，1986）

原書名：*The Frontiers of Management*（1986）

中文版：《管理的前沿》，洪世民譯，博雅出版，2022

主要內容

明日世界將由在組織工作的普通人開發，而不是政治家、公務員或是學者。本著作針對在管理最前端持續發生的新機會和現實，提供洞察和展望給每天面臨重大決策的組織領導人。

本著作是由《華爾街日報》、《外交事務》、《富比士》、《哈佛商業評論》收錄的 17 篇論文構成的評論集。

目　錄

8 章　應向德國學什麼？／ 9 章　打進日本市場／ 10 章　日美通商關係：令人費解／ 11 章　敵對式貿易的危險／ 12 章　時代的預言者：熊彼得與凱因斯

II 部　人員

13 章　經理人的人事：基本原則／ 14 章　白領生產力：評估方法／ 15 章　現場經理人的黃昏／ 16 章　超高薪高階經理人：貪欲與報酬／ 17 章　高齡經理人與高齡董事成員的安置：保持組織年輕化／ 18 章　專科研究所的復興／ 19 章　工作與人：迫在眉睫的人才短缺／ 20 章　教育重返職場

III 部　管理

21 章　管理：成功帶來的問題／ 22 章　人員職權的膨脹與抑制／ 23 章　中階管理的冗員對策／ 24 章　人事部的腐化與汰舊的必要性／ 25 章　資訊型組織的優點與條件／ 26 章　工會是否失去存在的意義／ 27 章　工會的身段：為何現今需要保持彈性？／ 28 章　作為通識學科的管理

IV 部　組織

29 章　惡意企業併購及其問題點／ 30 章　成功併購企業的五個原則／ 31 章　為了創新的管理／ 32 章　零成長企業的管理心得／ 33 章　為何自動化吸引人／ 34 章　IBM 的華生：描繪明日願景／ 35 章　貝爾瓦解的教訓／ 36 章　社會性需

求與商機

結論　社會創新——管理的新世界

書中主要企業與組織

GE、杜邦、蘋果、GM、福特、羅馬俱樂部、飛雅特汽車、IBM、AT&T、索尼、美國教師退休基金會（TIAA）

書中登場人物

史蒂夫．賈伯斯、湯姆．彼得斯、隆納．雷根、中曾根康弘、約瑟夫．熊彼得、約翰．梅納德．凱因斯

提出的概念、理論、方法

創新、康德拉季耶夫週期理論、資訊型組織、惡意併購

收錄美國閱讀次數最多的經濟論文

本書第一章〈轉型後的世界經濟〉，1981 年刊載於專門報導美國外交問題的《外交事務》（*Foreign Affairs*）雜誌，並且成為當年閱讀次數最多的經濟論文。這篇論文在翻譯為日文收錄於本書之前，日本國內公認的財經界高層或知識領袖等人士，不是早就已經閱讀過原文，就是交代下屬翻譯。

杜拉克在這篇論文中提到，在 1970 ～ 80 年代的十年期間，世界經濟共發生了三次的變化。

①初級產品經濟脫離工業經濟。

②生產在工業經濟中與就業分離。

③相較於財貨與服務的貿易，資本移動已經成為推動世界經濟的原動力。財貨與服務的貿易和資本移動或許並未分離，可是兩者之間的關係已經明顯弱化，更糟的是還變得不可預測。

此前，只要工業經濟良好，也就是已開發國家的經濟狀況好，提供初級產品的開發中國家，經濟狀況也會跟著好；然而，現在已經無法再受惠於這種連帶關係了。另外，過去為了就業而致力生產，但今日就業與生產的關係亦已消逝。更甚者，以前貿易呈現順差或逆差時，匯率就會隨之變動，而如今貿易和匯率的因果關係也已消失。以上便是杜拉克指出的問題點。

除此之外，杜拉克還提到「敵對式的貿易」，亦即不購買其他國家的產品，強力鼓勵人民愛用國貨。杜拉克警告某些日本企業，別老愛強調「製作好的商品廉價出售，有什麼錯？」然後積極賣東西給美國，最後使自己陷入窮途末路。

生產銷售商品本身並沒有錯，但如果貿易關係無法促進互惠互利，例如在當地創造更多就業機會等，這樣的關係就無法長久維持。

因為杜拉克指出這個問題點，我還因此收到日本相關工業團體寫給杜拉克的投訴信。可是之後的發展，確實就如杜拉克所指的無誤。

另外，在 M&A（合併與收購）方面，他認為「惡意併購」是基金投資公司的私利私欲，最終無法正當化，所以應該要割捨。

「明日會是什麼模樣，主要取決於今日決策者的知識、眼光、遠見與能力。也就是說，經營管理者的肩上擔負著未來。」

「企業如果無法大型化就必須優化事業內容，因為組織應要有挑戰的目標。」

杜拉克書中提出的論點，在今日全都被視為理所當然，可是本著作出版的時間卻是在 1982 年。因此也不難理解為何人人都會感到驚訝，進而埋首閱讀杜拉克的論文了。

專欄 Column

日美貿易摩擦時代中遭誤解的杜拉克

「關於這件事有兩個問題點。第一個是《華爾街日報》編輯部，處理我的文章不當；第二是，寫給你的抗議信的內容有誤。美國確實曾經生產堆高機出口銷售，但在1986年之後，美國國內就已經停止生產改採進口方式。阿里斯查爾默斯（Allis Chalmers）和海斯特（Hyster）兩間公司改在韓國生產，克拉克（Clark）公司則在愛爾蘭進行生產。美國的堆高機市場是由這三間公司，和以豐田為代表的日本企業各占一半市場。譯文的處理就麻煩你了。」

（1986年9月5日，當時76歲的杜拉克，
以上述文字回應有關《管理的前沿》的九個提問）

杜拉克和我的關係，從作者和譯者的身分開始，不久之後我多了一個研究員的身分，協助調查日本與亞洲的狀況和相關數字等。然後，近來我還增加了一個免費經紀人的身分，我成了杜拉克對日本媒體或學術界的代理人、諮詢或抗議的窗口、採訪的協調員。

以下傳真內容，是起因於日本相關團體投訴《管理的前沿》之後的文章，杜拉克回覆的信函：

「國際貿易的基本模式，已經從 18 世紀的互補貿易進化為 19 世紀的競爭貿易。然而，最近還出現了一種敵對式貿易，即出口國的產品取代了進口國的產品；而且出口國沒有秉持互惠原則，向進口國購買商品。因此，在敵對式貿易下，只要出口國愈成功，進口國就會變得愈衰弱。這種情況不該長期持續下去，日本無過錯的主張也一點都沒錯。但這種情況是不可能長久持續下去的，最好盡早修正為宜。」

然而當時日本的產業界認為，基於自由貿易的這項通商政策，並沒有不適當之處。

因此當時就出現了一群人，把杜拉克的善意忠告，與當下同樣十分盛行的「痛擊日本（Japan Bashing）」相提並論。

我永遠忘不了得知此事的杜拉克，是多麼地悲傷。

29

《新現實——政治、經濟、商業、社會、世界觀是如何轉變》

（《新しい現実——政治、経済、ビジネス、社会、世界観はどう変わるか》，上田惇生譯，鑽石社，2004）

原書名：*The New Realities*（1989）

中文版：《新現實》，林麗雪譯，博雅出版，2021

主要內容

歷史也有分水嶺——只要跨越過去，不但經濟、社會、政治的景色會轉變，連語言也會跟著改變。杜拉克在本著作中明確指出，世界已經在 1965 ～ 1973 年之間跨越了分水嶺，進入下一個全新的世紀。

本著作也因預知而出名，例如在戈巴契夫的經濟改革勢力日漸擴大中，蘇聯將瓦解、東西冷戰隨之結束、恐怖主義帶來的危險等。

另外杜拉克還指出，知識在知識社會中轉瞬變質的問題，藉此強調教育的重要性。

目　錄

第 I 部　政治的現實

第 1 章　歷史的分水嶺／第 2 章「社會救濟」的終結／第

3 章「利益動員政治勢力聚合」的終結／第 4 章　俄羅斯帝國垮台時／第 5 章　軍事力量的不經濟

第 II 部　多元社會的到來

第 6 章　政府的極限／第 7 章　多元社會的到來／第 8 章　對政治領袖的要求

第 III 部　經濟與環境的未來

第 9 章　經濟的全球化／第 10 章　地球環境問題／第 11 章　開發中國家的未來／第 12 章　站在十字路口的經濟學

第 IV 部　知識社會

第 13 章　超越商業社會／第 14 章　工會角色的改變／第 15 章　對 NPO 的期待／第 16 章　資訊化組織的功能與結構／第 17 章　作為通識的管理／第 18 章　知識的變化

結語　從分析到感知——方法論的變化

書中主要企業與組織

GE、GM、飛雅特汽車、福特、本田技研工業、聯邦快遞

書中登場人物

米哈伊爾·戈巴契夫、鄧小平、法蘭索瓦·密特朗、約翰·甘迺迪、柴契爾夫人、隆納·雷根、喬治·沃克·布希

提出的概念、理論、方法

帕雷托法則、多元社會、蝴蝶效應、知識社會

➢「最強作家」的驚人之處就在文章的開頭

本著作的開頭，從下面這一段文字開始：

「即便是平坦的大地，也會有崎嶇起伏的隘口。那些大多是單純的地形變化，不會有氣候、語言、生活型態的改變。但其實還有另一種隘口，那種隘口是真正的分水嶺，它的地勢並沒有特別高聳，而且也不顯眼。例如布倫納山口（Brennerpass）是阿爾卑斯山最低、最平緩的隘口，然而自古以來，它卻區隔出地中海文化和北歐文化。」

我每次閱讀到這段文字，都很佩服杜拉克真的是一個了不起的作家。他總是能巧妙地寫出扣人心弦的句子，想必他肯定投入了不少心力。

現在再看一段四年後發表在《後資本主義社會》的開頭。

「西方歷史每隔數百年，就會發生一次顯著的轉變。屆時世界會改變歷史的分水嶺，而社會將花費數十年的時間，為下一個新時代做準備。世界觀改變，價值觀改變、社會結構改變、政治結構改變、技術和藝術改變，機構同時也跟著改變。最終在 50 年後誕生出一個全新的世界。」

這不也是一段吸引讀者的文章開頭嗎？

有趣的是，儘管杜拉克在開頭文章如此講究，但不管是哪一本書，他大概在最後的 20 頁左右，總是給人一種草草結束的感覺。因為一般文章的結尾，通常都以陳述重要的事項居多，所以我總是對此深感疑惑。可是他一旦潤完原稿，就絕對不會再回頭重寫。

沒錯，杜拉克非常地沒耐心。每次出席演講活動或顧問諮詢的時候，他總會在登機的數小時前匆匆離家，然後在機場悠閒等待登機的時間。相較之下，他的妻子桃樂絲，則是拖到最後一刻才出門的類型。或許正是因為他們兩人的行事作風截然不同，所以才能在 70 年來的漫長歲月中和睦相處吧！

當然，除了文章的開頭之外，他還有很多直搗人心的短句，例如「沒有唯一的正確答案」。這句話的意思是，在社會高度複雜的今日，沒有一個正確的答案可適用於所有問題。

「答案是有很多個。但是那些答案當中，沒有一個能稱得上是正確答案。」

對於每個做決策的人來說，這句話肯定能引起很大的共鳴吧？

另外，他認為每個人都應該對自己的影響力負責，他用古羅馬的訓誡之一「野獸法則」提出警告。

「一旦獅子跑出柵欄，飼主就應該負責。無關於是人為疏忽造成柵欄打開，又或是地震導致柵欄鎖頭鬆脫，因為獅子的兇猛是無法避免的。」

在多元化的社會中，任何組織都無法避免對他人造成影響，但是自己必須對此影響負起責任。由此可見，杜拉克的觀念是十分嚴格的。

杜拉克的著作總是走在時代前端，例如預測蘇聯瓦解、阿富汗、自治區、高齡化、泡沫經濟等，使我在翻譯的時候甚至很難聯想得到，因此每次總是翻得非常地艱辛。不過他充滿魅力的文字，恰好足彌補了那些辛苦。

專欄 Column

追求易讀性和德國口音的英語

「我所有的日本朋友都說你的翻譯很棒。有好幾個人說，你的翻譯非常卓越出色。甚至還有一個人說，應該向你學習文章的寫法。

我希望能夠直接向你道謝。

我想 10 月 23 日的生日派對上，我們應該能夠見得到面。即使另外約，我也希望屆時能見你一面。」

（1989 年 9 月 24 日，杜拉克 79 歲，
關於《新現實》一書成功的信件。）

我從小就對翻譯作品很不滿，因為大部分都不知道在寫些什麼。不知是否因為我喜歡俳句的關係，我喜歡短句風格的文章，而且連接詞越少越好，因為可以快速讀懂文章內容。

於是到了 80 年代末期，我的文章風格已經完全定型了。而且由於我比較重視易讀性，所以至今我仍記得，我在《新現實》這本書裡還刻意增加換行。

結果沒想到，我的文章因為一個意外進而產生變化。那是 90 年代末期，我在改譯《「經濟人」的終結》和《工業人的未來》之時。杜拉克年輕時期的英語帶有德語口音，因此我在進

行翻譯工作的時候，也連帶影響到我的日語。

另外，這封傳真裡提到的生日派對，是 1989 年 10 月 23 日為了慶祝杜拉克 80 歲生日，在日本舉辦的生日派對（主辦單位是鑽石社）。當時，索尼的盛田昭夫等國內經濟界的大老們齊聚一堂，現場十分熱鬧隆重。

《非營利組織的管理》

（《非営利組織の経営》，上田惇生譯，鑽石社，2007）

原書名：*Managing the Nonprofit Organization*（1990）

中文版：《彼得．杜拉克非營利組織的管理聖經：從理想、願景、人才、行銷到績效管理的成功之道》，余佩珊譯，遠流出版，2015

主要內容

醫療團體、學校、醫院、社群團體……等非營利組織（NPO）在社會中扮演的角色愈形吃重。杜拉克在本書中回顧，對 1950 年以後的美國來說，這些非營利組織的蓬勃發展，確實是值得引以為傲的成就。

非營利組織的管理比企業更加困難。在沒有報表可以檢視利潤等結果的情況下，非營利組織必須清楚掌握，要用什麼方式顯示自己正在完成使命。而且正因為公益活動無報酬可得，因此更不能缺少讓自己滿足和成長的自我管理。

換句話說，非營利組織裡才存有任務、領導力、管理的本質。從這個意義來看，本著作可說是所有組織的教科書。

目　錄

第 I 部　任務與領導力

第 1 章 任務／第 2 章 創新與領導力／第 3 章 目標設定：與赫塞爾本對談／第 4 章 領導的責任：與馬克斯・德普雷對談／第 5 章 作為一個領導

第Ⅱ部 行銷、創新、資金開拓

第 1 章 行銷與開拓資金來源／第 2 章 成功的策略／第 3 章 非營利組織的行銷策略：與菲利普・科特勒對談／第 4 章 開拓資金來源：與達特利・海夫納對談／第 5 章 非營利組織的策略

第Ⅲ部 非營利組織的績效

第 1 章 就非營利組織而言的績效／第 2 章「不能做」和「必須做」／第 3 章 提高績效的決策／第 4 章 學校改革：與阿爾伯特・尚克對談／第 5 章 績效是評估標準

第Ⅳ部 志工與理事會

第 1 章 人事與組織／第 2 章 理事會和社群／第 3 章 從志工到不支薪員工：與利奧・巴特爾對談／第 4 章 理事會的角色：與大衛・哈伯德對談／第 5 章 人員管理

第Ⅴ部 自我開發

第 1 章 自我成長／第 2 章 留念後世的貢獻／第 3 章 作為第二人生的非營利組織：與羅伯特・巴福德對談／第 4 章 活躍於非營利組織中的女性：與羅克珊・斯皮特勒曼對談／第 5 章 自我成長

書中主要企業與組織

西爾斯．羅巴克公司、GM、IBM

書中登場人物

溫斯頓．邱吉爾、莎士比亞、富蘭克林．德拉諾．羅斯福、小托馬斯．J．沃森、特德．豪瑟、菲利普．科特勒、達特利．海夫納、瑪麗．帕克．傅麗特、阿爾伯特．尚克、布魯諾．華爾特、羅伯特．巴福德、羅克珊．斯皮特勒曼

提出的概念、理論、方法

任務管理、團隊管理、自我管理

➢ 雖不區分營利與非營利，但也不能一視同仁

企業、動盪時代、創業精神、創新，杜拉克不斷地擴大管理的領域。

管理本來就是為了推動事業，提高經濟性成果，起跑點就是以營利為目的。不過杜拉克認為，超越經濟的「非營利」世界應該也需要管理。

而且杜拉克也預告，當世界愈趨於全球化，人類就愈需要社群，非營利組織扮演的角色也因此愈形吃重。他甚至斷言：

「非營利組織的數量今後必須得再增加不可。若增加的數字停擺，將會是美國社會的恥辱。」

杜拉克並沒有把在公司工作的人、隸屬於非營利團體的人區隔開來。例如他在書中列舉出的下列觀念，是每個領域都需要的。

「成功者和失敗者的差異不在於才能，問題在於是否已養成某些習慣行為與基本方法。」

「換工作和決定職涯皆取決於自己，只有當事人知道自己應該獲得什麼。是否高標準要求自己對組織做出貢獻，也取決於自己；要不要採取預防措施避免自己感到厭倦，也取決於自己。持續挑戰與否，仍是取決於自己。」

可是不管是營利或是非營利，杜拉克也沒有將其一視同仁。而且他認為，正因為非營利組織不追求利益作為結果，所以才難以管理，進而更需要管理。事實上，非營利組織有更多營利組織沒有的艱難之處，例如如何爭取到持續性的捐款、某些事物不能單靠公益精神支撐等。

書中內容也曾經舉出如下事例。當你對一位上班族說：「你放太多重心在工作上了，應該去童軍活動擔任志工。」或是跟牧師說：「請你擔任醫院的理事。」此時，對方雖然能理解，卻會以忙碌為由婉拒邀請。

我想這除非是實際加入非營利組織，否則根本無法了解上述實際情況。杜拉克本身過去就一直以義工的身分，擔任諸如教會、女童子軍等許多非營利團體的顧問。

由於本書中列出了非營利組織必需的所有管理，因而成為值得長期閱讀的非營利組織聖經。內容中有許多部分和《管理者的條件》重複，不過這也代表了這些方法論是有助於每個人的。

在杜拉克的粉絲圈裡有一句十分有名的名言：「你希望因為什麼被人們記住？」筆者藉著本文與大家分享如下：

「我 13 歲的時候，教會的老師曾經問大家：『你希望因為什麼被人們記住？』結果沒有人回答得出來。爾後老師表示：『我並不期待你們現在能夠回答這個問題。但要是你們到了 50 歲還回答不出來，那代表你的人生白過了』。」

《未來企業》

（《未来企業》，上田惇生、佐佐木實智男、田代正美譯，鑽石社，1992）

原書名：*Managing for the Future*（1992）

中文版：《管理未來》，林麗冠譯，博雅出版，2021

主要內容

不管是政府或是企業，都不能根據「熟悉的現實」制定政策，基於熟悉的現實所做出的決策，必定會有誤。

本書內容旨在探討商業領域的經濟與經濟學、勞動者、管理、組織，亦即企業內外部的問題，並說明應採取的行動。

目　錄

II部 人員

13 章 生產性的新課題／14 章 企業領導人的神祕特性／15 章 領導力：行動重於表現／16 章 人員、工作、都市的將來／17 章 藍領階級的凋零／18 章 當廢除就業規則和職務限制／19 章 從共產主義官僚到經理人／20 章 中國的惡夢：數億人民失業

III部 管理

21 章 未來的中階管理：基本趨勢／22 章 向上管理／23 章 美國汽車產業的病因／24 章 日本的新企業戰略／25 章 外部走動式管理／26 章 企業文化：善用莫丟棄／27 章 永久削減成本：永久政策／28 章 非營利組織給企業的啟示／29 章 非營利組織的治理：步向成功的教訓／30 章 從非營利組織而來的革命

IV部 組織

31 章 公司的治理／32 章 攸關未來行銷的四個教訓／33 章 未來企業：成功的條件／34 章 企業的成績：五大檢視指標／35 章 研究開發：商業主導型尤佳／36 章 讓文件發送室走出戶外：90 年代的工作外包分派／37 章 有效研究開發的十個規則／38 章 朝向「進步同盟」發展／39 章 資本主義的危機：誰的責任？／40 章 製造的新理論

結論 1990 年代與未來

書中主要企業與組織

ABB 集團、索尼、3M、波音、本田技研工業、馬自達、GM、麥當勞、聯邦快遞、A.G. Edwards 金融控股公司、諾德斯特龍百貨公司

書中登場人物

勞勃・萊許、麥可・波特、盛田昭夫

提出的概念、理論、方法

槓桿收購（LBO）、事業部制度、零缺陷管理（ZD）、戴明循環、全面品質管理（TQM）、公司治理、及時化生產技術、系統化的廢棄

➢ 能夠「從中擷取所需」的閱讀也是魅力之一

1992 年經團連推動過一項贈書企畫，就是贈送日文書給附屬於中國大專院校的日本研究機構。該企畫當時是由公關部負責，流程是經團連會員企業的企業主，實際購入書籍並簽名之後交給經團連，經團連再將書籍送往該日本研究所。

透過這項「日本財經界人士選書」企劃收集而來的書籍中，數量壓倒性占大多數的就是，當時進入暢銷榜的《未來企業》。由此可知，日本的企業主有多少人在閱讀杜拉克的書

籍了。我想目前中國的傑出人士當中，肯定有許多人曾在大學或研究所時代，閱讀過日本經團連會員企業主簽名贈送的這本書。

那麼日本的企業主為何會選擇這本書呢？恐怕是「組織存活的條件」這個副標題，引起他們的共鳴吧！我認為杜拉克之所以能獲得這些企業主的支持，其中一個原因也許是書籍的「結構」。

誠如本書目錄條列，杜拉克的評論集大多由①世界經濟、②人員（勞動者）、③管理、④組織等四個部分組成。乍看之下似乎毫無章法，而且話題也不連貫。

關於第①部分，杜拉克表示：「秉持互惠主義，作為融合國際經濟基本原則的這股潮流，無關乎我們的喜好（雖然非我個人所願），仍已逐漸成為貿易區塊間的一種關係。」他並在第②部分斷言：「（所謂對領導人的信賴）即願意相信領導人所說的字句是出自於其本意。」第③部分裡，杜拉克則從過去長達一世紀的潮流如今卻逆轉當中，洞燭機先今後「經濟的重心，將從大型企業移轉至中型企業」。

當然，杜拉克的腦海裡必原本就有一幅他想描繪的藍圖，因此書中的各個部分均有其關聯性。所以對讀者來說，肯定能在書中的某處找到自己當下需求的主題。也許能夠「從中擷取所需」，就是閱讀杜拉克著作的魅力吧！

這個時候的杜拉克以 80 歲的高齡，邁入了驚人的多產時期，幾乎每年都有新著作發表。而且包含本著作在內，很多書籍幾乎都是日美同步發行。

這些評論集是以團隊的形式進行翻譯，陸續送來的數百頁英文原稿，由大家一起分攤，每日均埋首於翻譯工作，那種忙碌的程度是超乎想像的。此外我們也常接到通知說，因為編輯作業的關係，無法採用這些我們苦心翻完的譯稿。不過當時的辛苦，現在都已經變成了美好的回憶。

《後資本主義社會》

（《ポスト資本主義社会》，上田惇生譯、鑽石社、2007）

原書名：*Post-Capitalist Society*（1993）

中文版：《後資本主義社會》，顧淑馨譯，博雅出版，2021

主要內容

歷史每隔數百年就會發生一次顯著的轉變。屆時，社會將花費數十年的時間，為下一個新時代做準備。世界觀、價值觀會改變，社會和政治結構、技術、藝術、機構等都將逐漸改變。

所謂的後資本主義社會，是指繼資本主義之後來臨的社會。這個後來的社會將來會呈現什麼樣貌，至今仍無人知曉，一切全取決於生存在該時代的人們。本書指出的許多問題點，反映出日本在 21 世紀的現今已經落伍的現實。

目　錄

章 組織的社會責任

第 II 部 政治

第 6 章 從民族國家到巨型國家／第 7 章 全球主義、區域主義、部落主義／第 8 章 政府再造／第 9 章 透過社會部門恢復公民精神

第 III 部 知識

第 10 章 知識經濟學／第 11 章 教育經濟學／第 12 章 有教養的人

書中主要企業與組織

GM、三菱、三井、住友、沃爾瑪、伊藤洋華堂

書中登場人物

卡爾·馬克思、伯特蘭·羅素、腓德烈·溫斯羅·泰勒、馬克斯·韋伯、路德維希·維根斯坦、彌爾頓·傅利曼

提出的概念、理論、方法

公司治理、槓桿收購（LBO）、全面品質管理（TQM）、創造性破壞

➢ 我們身處於時代的轉換期

《新現實》和四年後發表的《後資本主義社會》是關係十分密切的兩本著作。從後者可以清楚地了解到，杜拉克在《新現實》中提出的問題在爾後的發展如何以及時代持續轉換的樣貌。

出現在《新現實》開頭文章中的「隘口」，指的是歷史的分水嶺。那個「隘口」的存在，是杜拉克在《斷層時代》發行的數年前，約 1965 年發現的。

那個隘口，恐怕會從現在開始持續到 20 年後的 2030 年。所以現在我們正處於驚濤駭浪的轉換時期。

「有好幾個領域，特別是關於社會與其結構，均已產生了根本性的變化。可以確定的是，今後的社會既非資本主義社會，也非社會主義社會。同時亦能確定的是，該社會的主要資源就是知識。也就是說，該社會必須是一種組織得發揮重大功能的組織社會」（摘錄自序章）

在抵達隘口之前，人類在工業革命後的兩百年間，持續經歷了資本主義社會或社會主義社會，亦即經濟至上主義的時代。同時，那也是個期待政府能為我們拯救社會的時代。

然而，接下來是由知識主導一切的時代。因此杜拉克也在著作中提到當時才剛崛起的網路，並且表示 IT 革命將會改變教育與社會。

關於國際經濟方面，杜拉克指出區域主義（Regionalism）的發展將會成為關鍵。現在引起熱議的 TPP（跨太平洋夥伴協定），正是區域主義之一。

從《斷層時代》開始，接著是《新現實》，最後到本著作，這數十年來，杜拉克一路以來都持續觀察著時代的轉換。閱讀這些書籍的讀者們，將成為唯一知曉這個轉換期的稀有世代。

同時，杜拉克也說：「被冠上『後』這個字眼的事物中，不僅沒有永久，連永續也沒有。」所以，轉換期之後的未來會呈現什麼風貌，將取決於我們如何應對轉換期帶來的課題。

專欄 Column

原作發行之前，肯定打破砂鍋問到底

「得知您也要翻譯這本書，我真的覺得很開心。如果您發現了什麼不妥的地方，無論是什麼但說無妨。尤其是提及日本的部分，請幫忙留意。亞洲方面的內容也是，要是有不正確的敘述，請跟我說，我會馬上修正。」

（1992 年 9 月 28 日，杜拉克 82 歲，
關於《後資本主義社會》即將翻譯一事）

杜拉克是一位將整體視為有機體的後現代主義者。儘管如此，他並非一個不注重小地方的人，反倒是個認為「上帝藏在細節裡」非常重視細節的人。

另外，我一直把專業人士在倫理上應有的「絕不明知其害而為之」這句話，與「別因不知情而致害」視為座右銘。

基本上，我認為杜拉克之所以會信任我，原因在於我的提問總是細微並且窮追不捨，甚至讓他覺得「有需要問到這麼仔細嗎？」以下跟大家分享翻譯《後資本主義社會》時，我和杜克拉往來的部分傳真內容。

1992年12月17日，杜拉克83歲，回覆五個問題和意見

Q1　不，是指那些同時受過高等教育與高度訓練的人。

Q2　沒錯，請把日本的「公立學校」改成日本的「教育制度」。

Q3　沒錯，請照那樣修正。

Q4　如果擔心不正確的話，請直接用「若在歐洲」即可。

Q5　請刪除。

1992年12月22日，杜拉克83歲，回覆追加的五個問題和意見

非常感謝您的仔細閱讀，我想這本書一定會暢銷。

Q1　日本相關的敘述，就交給你重新修改。

Q2　意思是指，繼資本主義之後來臨的社會。

Q3　請照那樣修改。

Q4　請刪除，完全沒問題。

Q5　請照那樣修改。

1992年12月24日，杜拉克83歲，回覆追加的八個問題

我完全同意你提的修正，請照那樣繼續進行。

聖誕節快樂。

1993 年 1 月 18 日，杜拉克 83 歲，再次回答幾個提問

恭喜雞年快樂。您自去年以來的疲勞全都消除了嗎？我的孩子們回家來玩了，下星期小女兒會帶孩子回來。那麼關於您的提的問題，回覆如下：

Q1　那是錯字。

Q2　請改成 USX。

Q3　只是剛好巧合相同，我完全沒注意到。為避免混亂，請將其中一個修改成「100 以下」。

在這些傳真往返的過程裡，杜拉克偶爾會提及預定的演講、家人的事等近況、安慰感謝的話語等。從這些不經意的關懷中，顯現出他溫和敦厚的人品。

《已經發生的未來》

（《すでに起こった未来》，
上田惇生、佐佐木實智男、林正、田代正美譯，鑽石社，1994）

原書名：*The Ecological Vision*（1993）

中文版：《社會生態願景》，胡瑋珊、白裕承譯，博雅出版，2020

主要內容

這本著作是杜拉克本人，自超過40年寫作生涯裡親自挑選的瑰寶論文集。書中收錄了充分展現他對日本畫深厚造詣的〈從日本畫看日本〉、貼近人類本質的〈不合時宜的齊克果〉等，從中均能深刻感受到杜拉克的博大精深。

杜拉克不但在此著作中，把自己比擬為歌德作品《浮士德》裡出現的守望人林奎斯；他也是在這本著作裡，將自己定義為社會生態學者。

目　錄

彼得與凱因斯／5 章 凱因斯：作為魔法系統的經濟學

Ⅲ部 管理的社會功能

6 章 管理的角色

Ⅳ部 作為社會機構的企業

7 章 何謂企業倫理

Ⅴ部 職業、工具、社會

8 章 技術與科學／9 章 學習古代的技術革命

Ⅵ部 資訊社會

10 章 資訊與溝通

Ⅶ部 日本的社會及文明

11 章 從日本畫看日本

Ⅷ部 超越社會

12 章 另一個齊克果

結論 某社會生態學者的回想

書中主要企業與組織

洛克希德公司、GE、全錄

書中登場人物

約瑟夫．熊彼得、約翰．梅納德．凱因斯、彌爾頓．傅利曼、西格蒙德．佛洛伊德、勞勃．麥納馬拉、尚．皮亞

傑、埃爾頓·梅奧、約瑟夫·朱蘭、中根千枝、馬素·麥克魯漢、埃德溫·賴肖爾

提出的概念、理論、方法

科學式管理、貨幣主義、供給面經濟學、企業倫理

➢ 人、日本、社會生態學……了解杜拉克的世界

只要觀察已經發生的事情，就能看見事情發生後所帶來的未來。所有事物都有一段前置時間（Lead Time），杜拉克將這段前置時間命名為「已經發生的未來」。

後記〈一個社會生態學家的省思〉是本著作中尤其不可欠缺的部分，內容裡十分清楚地描繪出杜拉克的世界觀。

杜拉克將自己定義為社會生態學者。對此，他本人說：「就像自然生態學研究生物環境，社會生態學則關注人類所打造的人類環境」。

那麼社會生態學是什麼？杜拉克說明：「社會生態學不是分析，而是以觀察為基礎、以感知為基礎。」社會生態學和社會學不同的地方就在於此。社會生態學不會把社會拆解成各個部分來理解，因為它看的不是部分而是「整體型態」。杜拉克認為部分的集合和一個整體，有根本上的不同。

而且，起始於笛卡爾近代理性主義，那種試圖從部分了解整體的現代，在今日已經走到窮途末路了。

社會生態學的特徵在於「觀察已經發生的事情」。杜拉克說：「重要的事情是，要確認已經發生的未來。並且要去感知和分析，那些發生後不會再恢復、對將來具有重大影響的變化，也同時是尚未被認識的事物」。

重要的是「觀察」，就是把整體視為「有生命的有機體來感知」。如同日本畫所傳達的意象，日本人就具備了那樣的知覺。

「日本近代社會的建立和經濟活動發展的基礎中，就具有日本傳統的感知能力。因此，日本才能夠掌握外來的西方制度與型態，並且重新建構。從日本畫來看日本，其中最重要的事情就是日本的感知。」

在本書中，杜拉克還做了另一個重要的自我定義。

「經濟學者們和我的見解，只有一點是一致的，那就是我不是經濟學者。話雖如此，卻不代表我不了解經濟學。即使不了解，但要修正那樣的缺陷並不困難。」

事實上，收錄在本書第 5 章的〈凱因斯：作為魔法系統的經濟學〉一文，亦收錄在經濟學的論文集和大學的教科書裡。

那麼，為什麼杜拉克說自己不是經濟學者呢？因為他確信，經濟本身並不是目的，它只不過是一種手段。這種手段要達成的是非經濟性的目的，也就是達成人類的目的、社會的目的。總之，杜拉克並不認為經濟學是門獨立的科學。

然而，正因為經濟的存在是為了人類、為了社會，所以杜拉克才會對經濟抱持著濃厚的興趣。他寫的書才會常常為人廣泛地閱讀，並實際對各國經濟政策和企業管理帶來重大的影響。

專欄 Column

寫作與演講的日常是
這位 84 歲老人的工作方式

就算已經年過 80，杜拉克仍然活力滿滿地去世界各地演講，並在接連來臨的截稿日之前交出文章。每次傳真往返的時候，他的充沛精力總是令我感到驚訝，同時也使我倍受鼓舞，所以就讓我來跟大家分享下面的例子。

「新譯的企劃（《杜拉克選書》系列）真令人開心。我非常地期待。關於《已經發生的未來》的日文版內容編排，也請告訴我您的想法。這本書也要麻煩您了。

我現在已經進入新書（《對未來的決心》）的寫作與編輯。預定收錄的幾篇論文，接下來會刊載在《哈佛商業評論》、《大西洋月刊》、《哈潑雜誌》、《華爾街日報》。應該能在十一月送出初稿。

如您所知道，我 9 月 21 日在東京有一場演講。我預定 17 日抵達日本，然後在演講之前好好地養精蓄銳。演講後的隔天，我便會出發去吉隆坡，進行一天演講，三天觀光的行程。除了香港和台北之外，這是我第一次前往亞洲訪問。然後我會在印尼的峇厘島和日惹市度過一星期，再到台北停留三天。台北也有演講。預定 10 月 7 日才會回到家。」

（1994 年 8 月 4 日，杜拉克 84 歲，
著手《杜拉克選書》的企劃，此內容是我告知他我的暑假計畫）

「真是太棒了。我覺得很高興，也感到相當榮幸。
而且這也有助於宣傳，所以當然免費提供。」

（1994 年 9 月 1 日，杜拉克 84 歲，
我以經團連公關部長的身分，
請求杜拉克同意讓我們從《杜拉克選書》中，
引用長篇文章連載至經團連官方雜誌《月刊 KEIDANREN》）

《非營利組織的「自我評估法」》

（《非営利組織の「自己評価手法」》，田中彌生譯，鑽石社，1995）

原書名：*The Drucker Foundation Self-Assessment Tool for Nonprofit Organizations*（1993）

中文版：台灣未發行

主要內容

這本專為非營利組織撰寫的自我評估法實踐指南，是由彼得・F・杜拉克非營利組織管理基金會〔Peter F. Drucker Foundation for Nonprofit Management，現已更名為法蘭西絲・賀賽蘋領導機構（Frances Hesselbein Leadership Institute）〕開發。指南中使用的 21 張工作表，實踐杜拉克著名的「五個問題」。

目 錄

I 部 使用者指南／為何要自我評估／杜拉克基金會的「自我評估法」／引導師的方針／引導師的討論指南／II 部 參加者手冊

《對未來的決心》

（《未来への決断》，
上田惇生、佐佐木實智男、林正、田代正美譯，鑽石社，1995）

原書名：*Managing in a Time of Great Change*（1995）

中文版：《巨變時代的管理》，白裕承譯，博雅出版，2022

主要內容

我們該如何適應大轉換？該如何為明天做準備？本著作跨越管理、經濟、社會等各個領域，討論所有組織管理階層在變化中應有的行動基礎，是繼《創造的管理者》之後的一本商管書籍。

目　錄

業的必要性／12 章　管理階層需要的資訊

III 部　經濟

13 章　經濟的全球化與貿易問題／14 章　美國經濟的權力轉移／15 章　新成長市場在哪裡／16 章　全球經濟與環太平洋地區／17 章　中國的成長市場／18 章　日本企業的終結／19 章　美元疲軟與日本經濟／20 章　新經濟大國：海外的中國人

IV 部　社會

21 章　社會轉換的世紀／22 章　向非營利組織學習／23 章　知識勞動與性別角色分配／24 章　政府再生／25 章　民主主義是否能實現和平

結語　後資本主義社會的管理

書中主要企業與組織

蘋果、IBM、默克集團、索尼、全錄、Levi Strauss、IKEA、班尼頓、沃爾瑪、英特爾、夏普、7-Eleven

書中登場人物

羅斯柴爾德家族、比爾．柯林頓、隆納．雷根

提出的概念、理論、方法

企業流程再造、精實生產、核心競爭力、外包、改善法、ABC 成本制、金流、標竿管理

➢「事業的管理」跨越 30 年的續篇

杜拉克首次談論事業管理，也就是企業「戰略」的著作是 1964 年出版的《創造的管理者》*，因此這本《對未來的決心》可說是 30 年後的續篇。

基本上，要將事業的管理系統化是非常困難的事情。主要是因為世界上有太多事物，都可以當成「事業」看待。

杜拉克把事業定義為：「讓世界變得更美好」、「有利於使用者」的事物，並且還必須進一步試問：「何謂使命？」「該做法現在還是正確的嗎？」「現在仍有價值嗎？」「如果還沒有開始做的話，是否應該現在開始做？」等。

內容中同時也提到，原本一帆風順的企業為何在管理上會出現問題？企業之所以陷入失敗的原因，是因為事業的定義已經過時。

截至目前，除了杜拉克之外，沒有其他人能夠如此明快且簡潔地談論事業。如果問說：「報社和蔬果店的共同事業目的是什麼？」肯定大部分的人都會朝「讓事業成功」、「提高利潤」等方面去回覆答案吧！本著作即便已經出版了 15 年，現在仍然有許多非常受用的內容。

---

* 編注：即中文版的《為成果而管理》。

日後會出現繼承杜拉克的人嗎？當然，如果把範圍縮小到經濟學、政治學或是管理等範疇，或許可以找得到。但要像杜拉克這樣綜觀世界整體的人，應該就找不到了吧？

有人說：「杜拉克就像隨時都在前一個地鐵車站似的。」總是早先一步的杜拉克，在黑暗中為我們把僅能模糊辨識的事物轉換為語言。如果可以，真希望他能夠再活百年，並時時為我們訴說那些語言。

《挑戰之時》

（《挑戦の時》，上田惇生譯，鑽石社，1995）

原書名：*Drucker on Asia*（1997）

中文版：《杜拉克看亞洲》，林添貴譯，博雅出版，2021

主要內容

「理論告訴我們必須做什麼，實踐告訴我們應該怎麼做。」本著作從杜拉克與日本最大的流通企業——大榮集團的創辦人中內功之間的往返書信，精選主題收錄文章。

目　錄

第 1 章　挑戰中國／第 2 章　挑戰無邊界時代／第 3 章　挑戰知識社會與教育／第 4 章　挑戰創業精神與創新／附錄　阪神大地震的問候

《創生之時》

（《創生の時》，上田惇生譯，鑽石社，1995）

原書名：*Drucker on Asia*（1997）

中文版：《杜拉克看亞洲》，林添貴譯，博雅出版，2021

主要內容

「自我改革和成長不是運氣問題，而是意志力的問題」。繼《挑戰之時》，杜拉克與中內功往返書信的續篇。成就今日杜拉克的七個經驗，透過本著作首度公開。

目　錄

第 1 章　個人創生／第 2 章　企業創生／第 3 章　社會創生／第 4 章　政府創生

《P · F · 杜拉克管理論集》

（《P · F · ドラッカ —— 経営論集》，
上田惇生譯，DIAMOND 社哈佛商業編輯部編，鑽石社，1998）

原書名：*Peter Drucker on the Profession of Management*（1998）

中文版：《杜拉克：經理人的專業與挑戰》，李田樹譯，天下文化出版，1999

主要內容

自世界最先進的管理專業雜誌《哈佛商業評論》收錄的杜拉克論文中，精選 13 篇彙整為本著作。每篇論文都曾為世界級大企業、創投企業的管理策略帶來莫大影響。杜拉克投稿給該雜誌的文章超過 30 篇，其中六篇入選年度最優秀論文獲得麥肯錫獎。

目　錄

第Ⅱ部 管理的功能

第 8 章 事業的過時／第 9 章 人事原則／第 10 章 創新的機會／第 11 章 資訊改變組織／第 12 章 起於製造商的概念革命／第 13 章 決策的祕訣

提出的概念、理論、方法

組織社會、NPO、生產性、創新、ABC 成本制

➢《哈佛商業評論》收錄的珍貴論文

本著作收錄的論文，全都是社會、組織、管理領域中的代表性評論。

例如，杜拉克在一篇發表於 1985 年，是《創新與創業精神》一書基礎的論文中斷言：「和其他所有工作相同，創新同樣也需要才能、創意和知識。然而真正需要的是，伴隨著目的意識的強烈集中性勞動，只要願意投入勤勉、忍耐和決心，難得的才能、創意、知識也都是無用的。」

在論文以單行本的形式出版之前，能讓我們閱讀到文章精華的，便是論文的最大益處。杜拉克本身也說過：「我偏好寫

論文」。

2006年出版的《P．F．杜拉克管理論》（參考 p. 256），收錄了所有刊載在《哈佛商業評論》的全部論文，也因此全書厚達400頁。

專欄 Column

電車裡和咖啡廳就是我的工作室

「在電車裡面翻譯，真是太驚人了。我曾經在行政管理課程上，把您的翻譯和其他人的翻譯放在一起，展示給日本研究生看。對於您的翻譯，所有人都說您的譯文根本不像翻譯，而是文筆十分流暢的日語，忠實地表現出我的文章內容、文體、節奏與方向性。但沒想到您的翻譯工作，居然是在電車和咖啡廳裡面完成的！

若要說我的寫作順序，首先我會用手寫的方式擬出綱要，然後再進行補充。接著口述錄音，然後請人幫忙打字，最後我再做補充。這個作業大約會重複 4 ～ 5 次左右。」

（1998 年 9 月 11 日，杜拉克 88 歲，
此內容為說明我長期的翻譯作業方法）

在杜拉克出版了許多著作，同時我又開始翻譯選書集的 90 年代，我們之間往來的傳真相當頻繁。就在《P．F．杜拉克管理論集》的翻譯如火如荼進行時，我除了透過傳真提問疑點或提案之外，我們也會藉此閒話家常。

當我跟他說，我會在通勤的電車上或咖啡廳進行翻譯作業時，杜拉克在震驚之餘，也跟我分享他的寫作步驟。

杜拉克告訴我，你應該去追求自己所擅長的事物、追究擅長的工作方式、追尋有價值的事物，即要「追求、追究、追尋」。

以我個人的情況來說，和人有約的時候，我會在約定時間的兩、三個小時之前抵達目的地。那兩、三個小時的高效率生產力，連我自己都感到十分驚訝。另外，和咖啡廳一樣，電車同樣也是我擁有高生產力的場所。這就是我擅長的工作方式。

《支配明天的事物》

（《明日を支配するもの》，上田惇生譯，鑽石社，1999）

原書名：*Management Challenges for the 21st Century*（1999）

中文版：《21 世紀的管理挑戰》，侯秀琴譯，博雅出版，2021

主要內容

本著作是一本在全球 17 個國家出版後，立刻掀起話題的暢銷書籍。

書中內容宣告商業的前提、現實均已經改變。在最後的章節中，杜拉克闡述該如何生存、如何為第二個人生做準備。

目　錄

1 已開發國家的少子化／2 支出分配的變化／3 公司治理的轉變／4 全球競爭的激烈化／5 與政治邏輯的背離

第 3 章 誰會改變明天——變革領導

1 變革領導的條件：機制與方法／2 變革領導的三個禁忌／3 變革領導的步驟和預算／4 與持續性的調和／5 創造未來

第 4 章 資訊改變工作——新資訊革命

1 從技術（T）到資訊（I）／2 組織需要的資訊／3 工作需要的資訊

第 5 章 知識勞動的生產性改變社會——已開發國家的條件

1 創造出已開發國家的肉體勞動生產性／2 決定已開發國家命運的知識工作生產性／3 技術專家是關鍵／4 系統環節之一的知識工作／5 知識工作者與組織的關係

第 6 章 自我管理——明日的生存方式

1 何謂優勢／2 發揮長才之所／3 貢獻成果／4 相關責任／5 第二個人生

附錄 若了解日本的公務員體制

書中主要企業與組織

西門子、GE、AT&T、GM、瑪莎百貨、飛雅特汽車、博德曼音樂、索尼、豐田

書中登場人物

艾爾弗雷德・普里查德・史隆、道格拉斯・麥格雷戈、亨利・福特、切斯特・歐文・巴納德

提出的概念、理論、方法

經濟附加價值（EVA）、公司治理、外包

➢ 二十世紀的總結與對日本不變的期待

「我們無法控制變化，能夠做的只有走在變化的前沿。」

杜拉克指出，21 世紀近在眼前，所有事物都會改變。管理的常識、管理策略的前提亦然。

在公司治理方面，杜拉克表示：「在歷史上的任何國家，從來沒有一個主流觀點認為企業，特別是大企業，應該只為股東服務，甚至主張只為股東的利益而進行管理。」

在本著作中，杜拉克寫了一段建言給邁向21世紀的世界：

「我希望日本能夠維持終身僱用制所實現的社會安定與社群和諧，並且實現知識工作和知識工作者需要的移動自由。這不僅僅是為了日本社會及其和諧，因為或許日本的解決方案，

也能成為其他國家的榜樣。為什麼呢？因為不管是哪個國家，若要真正實現社會的正常運作，就缺少不了社會性關聯。」

這一段內容，並不是專為此書日文版寫的文章。從這段內容放在本文的最後一頁、在結論部分陳述的安排即可看出，杜拉克對日本寄予厚望。杜拉克曾經說過，歐洲在二次戰後的復興榜樣就是明治維新。如今，21 世紀後資本主義社會的榜樣，同樣也是日本。

杜拉克並不是因為偏袒日本，才表示對日本有所期待。而是因為日本組織重視人與人之間的相互關係，能夠成為世界的榜樣，所以才會對日本有所期待。可是，我們真的能夠回應杜拉克的期望嗎？

另外，本著作同時也是杜拉克文章，在日本發行三部曲《專業的條件》誕生的緣起，不過這個部分就留到下一章節再聊吧！

專欄 Column

樂趣將從剩餘三分之一人生開始

「在經團連的工作辛苦了。對今後的日本來說，製造大學的籌備也是一項非常重要的工作，所以請您好好努力第二份職涯。

不對，嚴格來說，這應該算是第三份職涯才對吧？在這30年間，您是我認識的最優秀的譯者。譯者的工作一直是您斜槓的職涯，而蒙受其惠的人是我。

只要我持續寫書的一天，您就是我在日本的共同作者和夥伴。雖然我在新書中的獻詞被您謝絕了，但在我心中，新作是獻給您的，作為我一份小小感謝的證明，同時也是送給您的60歲生日禮物。生日快樂」

（1998年11月6日，杜拉克88歲，信函中附上生日卡片）

接著，後文就如開頭對談〈初識杜拉克〉介紹的，杜拉克還提及「未來的35年，將會是個充滿樂趣的時期」、「會更加富有生產性、更加滿足，剩下的三分之一人生即將展開」。事實上，杜拉克的人生就是如此。

《專業的條件》

（《プロフェッショナルの条件》，上田惇生編譯，鑽石社，2000）

原書名：*The Essential Drucker on Individuals*（2000）

中文版：《杜拉克精選：個人篇》，陳琇玲譯，天下文化出版，2001

主要內容

20 世紀最重大的事件就是人口革命，現在勞動的人幾乎都是知識工作者。因此真正有意義的競爭力主因，在於知識勞動的生產性。本著作中，闡明了提高績效、貢獻成果、自我實現的方法。

目　錄

➢ 熱門暢銷書誕生於某個問題

本著作是繼《變革領導者的條件》、《創新者的條件》、《技術人員的條件》之後，選入《初讀杜拉克》系列的書籍之一。

其實，將過去的著作彙整出來重新編輯的構想，早在 1991 年左右，企劃《非營利組織的管理》出版之時，就已經開始醞釀。但長達十年期間，杜拉克和我都非常地忙碌，所以遲遲沒有著手作業。直到某件事發生，再次觸動了這個構想。

1999 年，我決定去 2001 年 4 月開學的「製造大學」執教鞭。在 60 名準教師聚集的見面會上，有連續三個人都問了我同樣的問題：「《支配明天的事物》非常有趣，請問接下來該讀哪一本才好呢？」

其實我經常被問到類似的問題，但我總是答不太上來。於是我馬上找杜拉克商量，並決定製作一張「杜拉克世界的地圖」。如此的話，接下來打算閱讀杜拉克著作的人，或不知道之後該讀哪本書的人，就可以參考那張杜拉克著作世界的地圖，而且那張地圖本身也編成了一本非常有趣的書。

然而開始作業不久，我就發現還有另一個應該處理的領域，那是與每個人都相關的領域。尤其是那些正在摸索人生未來的年輕人們，內容中有很多要給他們的訊息。

於是，作為「杜拉克生存方式與工作方法讀本」的《自我實現篇》就誕生了。內容中不僅提及年輕人本身的工作方式，同時也談到關於活用年輕人優勢的組織和經理人的心得。

「若要做出績效，就必須以優勢為重點進行調動，俾使人員晉升。在人力運用上，則必須讓人員的優勢發揮到最高程度，而不是將缺點減至最少。」

「組織必須為每一個人服務，幫助他們不論限制或弱點為何，都能夠透過優勢完成自己的任務。這件事情在今日已變得愈來愈重要。」

從今日世界正在發生的事情，到實現成果的具體方法，所有必要的重點全都收錄在本書內容中。正因為如此，許多企業才會把這本書，指定為管理職培訓、新任經理人訓練用的教材。

此外，這個系列企劃最令人困擾的地方是，杜拉克表示：「因為要在其他國家出版，所以希望你可以用英文書寫後記。」要用英文寫後記，老實說我一點自信都沒有。例如，「a」、「the」這類冠詞的使用方法，其實我的正確率就只有三成左右。雖然我試著說服杜拉克，但杜拉克卻回覆：「就算是美國人，每個人的表達方式也不盡相同，你不需要太過在意。」所以我的婉拒無效。

就這樣，我第一次被要求用英語寫後記，結果每次寫好寄出，都因為「內容太短不行」而被退回好幾次。

專欄 Column

《初讀杜拉克》系列：日語版有三本，英語版卻僅兩本

有時候在美國的書店，讀者會拿著這兩本著作詢問說：「請問這兩本書沒有出日語版嗎？」其實，英語版是以日語版的《初讀杜拉克》系列為基礎，在日語版出版之後才發行的。

杜拉克本人在兩本書的〈前言〉和〈謝辭〉裡，均敘述了此系列出版的經過。然而該〈前言〉和〈謝辭〉，都只存在於英語版。此次就藉著本書的出版，首次將它們翻譯成日語。

***The Essential Drucker*, HarperCollins Publishers, 2001**
（中文版：《杜拉克管理精華》，白裕承譯，博雅出版，2022）

序文：

本系列書籍收錄了我將近60年的管理相關論述。出版的用意有二：一是作為管理的指南，二是作為閱讀杜拉克著作的導引。

最初構想這系列書籍的人，是我的日本老朋友上田惇生先生。他本身在經濟團體擔任要職，爾後又設立培育技術人才的教育機構。當時的他正準備踏入全新職涯。

上田先生是我在日本的翻譯兼編輯，我和他之間的交情已

經長達30年之久。每次日本有新書出版的時候，總是由他負責翻譯。因此，他甚至比我自己更了解我的著作。他會主辦與我相關的研討會，同時也會舉辦演講。可是他卻因此經常被來賓詢問，杜拉克的書到底該從哪一本開始讀。

於是，上田先生萌生了一個想法，重讀我的所有著作，然後將精華部分重新編輯彙整成冊。所以，由自我實現篇、管理篇、社會篇構成的《初讀杜拉克》三部曲就誕生了。結果不但在日本造成熱銷，台灣、中國、韓國、阿根廷、墨西哥和巴西也有大量讀者。

本書《杜拉克管理精華》英語版全一冊，是哈潑柯林斯出版集團的小卡斯．坎菲爾德先生，專為歐美的讀者群，重新編輯上田版三部曲的第二冊後完成的。坎菲爾德先生不但是我的老朋友，也是我在美國的編輯。

因此本書的讀者和我，都想向上田先生和坎菲爾德先生表達由衷感謝。

多虧他們兩位的辛勞，這系列杜拉克著作讀本，才能擁有每位作者都渴望不已的高水準，同時也是最高水準的管理入門書。

***A Functioning Society*, Transaction Publishers, 2003**
（中文版：《正常運作的社會》，陳琇玲等譯，博雅出版，2020）謝辭：

本書是我的朋友兼編輯，也是社會學者和交易出版社（Transaction Publishers）的總裁歐文·路易斯·霍洛維茨（Irving Louis Horowitz）慫恿我之下誕生的。本書的讀者和我，都想對霍洛維茨教授表達深厚的謝意。

同樣的，我們也要向我的日本老朋友，同時也是編輯兼翻譯師上田惇生教授表達謝意。由自我實現篇、管理篇、社會篇構成的《初讀杜拉克》三部曲，就是他的構想。

這三部曲最初於2000年在日本出版，之後也陸續在韓國、台灣、中國、阿根廷、墨西哥、西班牙、巴西出版。再者，這三部曲中的第二卷管理篇，更於2001年，在英國與美國以書名《杜拉克管理精華》（*The Essential Drucker*）出版。接著斯堪地那維亞各國、荷蘭、波蘭、捷克、德國、法國、義大利等也接連翻譯出版。

《變革領導者的條件》

（《チェンジ・リーダーの条件》，上田惇生編譯，鑽石社，2000）

原書名：*The Essential Drucker on Management*（2000）

中文版：《杜拉克精選：管理篇》，李田樹譯，天下文化出版，2001

主要內容

管理被定位在經濟與社會的核心。管理的功能是將資訊轉換成知識，並將知識具體化成行動。那麼，管理究竟該怎麼做呢？本著作將具體解說管理的基礎與本質。

目　錄

從目標和自我管理而來的管理／4 章　人事原則／5 章　家族企業的管理

PART5　創業精神的管理

1 章　人為發生無法預測的事情／2 章　既有企業創新成功的條件／3 章　創投的管理／4 章　創業者應採取的策略

附錄　創新還是倒閉——金融服務業的十字路口

➤「『不懂也沒關係』就是傲慢」對三部曲出版順序的堅持

這部《初讀杜拉克》的構想，真的讓我和杜拉克煞費苦心。我們幾乎每天傳真，彼此收到傳真之後，也都會馬上回覆。

《專業的條件》在日本即將發行之際，杜拉克將如下內容的信件連同目錄一起寄給世界各地的編輯。

上田惇生先生從我的所有著作，即 1939 年《「經濟人」的終結》之後，乃至 1999 年的論文「IT 革命的未來發展」，挑選出重要的章節，重新編輯成「杜拉克讀本」三部曲〈自我實現篇〉、〈管理篇〉、〈社會篇〉，並將由日本的鑽石社出版發行。由於〈自我實現篇〉已經有英文原稿了，所以若有興趣的話，請隨時與我聯絡。

這是在各地掀起的杜拉克風潮當中，帶領讀者，讓讀者知道接下來應該讀什麼杜拉克書籍。不管是內容的選擇或是編輯，全都非常優秀。

這本著作幾乎成了杜拉克的天職，他甚至還親自推銷給世界各地的出版商。

而且在日本國內發行數日之後，馬上就造成熱銷，某大型企業甚至還希望每位主管都能閱讀，而一次購買了 100 本。

隨後緊接著出版的是〈管理篇〉的《變革領導者的條件》。這是三部曲構想之初，杜拉克唯一的要求是，他希望把〈管理篇〉放在〈社會篇〉的前面。理由是〈管理篇〉比較容易理解。

有人類之後，才有社會、有組織、然後有管理。考慮到這樣的關聯，應該依照〈社會篇〉→〈管理篇〉的順序出版，才符合邏輯吧？不過杜拉克表示，如果知識不被理解，一切就毫無意義。不管如何，就是必須想方設法讓讀者更容易理解。如果自認為讀者不懂也沒關係，那就是傲慢。這便是杜拉克的堅持。

從「個人」到「組織」，然後再到「社會」。於是就採用這樣的順序，讓初次接觸杜拉克世界的人，能夠更輕鬆地閱讀杜拉克的著作。如此一來，杜拉克的粉絲群也就會更壯大了。

《創新者的條件》

（《イノベーターの条件》，上田惇生編譯，鑽石社，2000）

原書名：*The Essential Drucker on Society*（2000）

中文版：《杜拉克精選：社會篇》，黃琇媛譯，天下文化出版，2001

主要內容

新的社會、新的社群陸續出現。隨著 IT 化、全球化、高齡化誕生的「知識社會」、「全球經濟」、「高齡化社會」便是其中的關鍵字。不過伴隨著新現實的是，新機會與問題的存在。本著作旨在尋找社會革新的條件，並帶給讀者全新視野。

目　錄

➢ 變革領導者和創新者？

《專業》、《變革領導者》、《創新者》三部曲的出版，是我從一般認為能了解杜拉克的必讀著作中，進行大範圍的挑選和編輯，然後再由杜拉克自己加以補充、刪除和修正，以這樣的形式來完成這套書。三本書彙整完成大約花了一年半，也可說這套書是耗費了 500 ～ 600 小時的決定版。

三部曲的最後一本終於來到了「社會篇」。但對於第一次接觸杜拉克世界的讀者來說，他們或許會這麼想：「《專業的條件》作為自我實現篇尚可理解。不過，為什麼《變革領導者的條件》是管理篇，而《創新者的條件》是社會篇呢？」

《變革領導者的條件》是聚焦在變化時代中的管理。尤其是知識工作者，他們已非昔日，不再屬於被管理者，而是只能被引導的人。因此，管理者必須成為親自引導變化的「變革領導者」。杜拉克在前言〈給日本的讀者〉中表示：「管理將不再是專業技能，而是通識教育。所謂的通識，即受過教育的人為了履行其職責而必須了解的知識。」

另一方面，《創新者的條件》是杜拉克的社會論，主要描述在新時代的社會、政治、經濟、知識、教育態樣、動盪轉換期中的思考與行動準則。這是杜拉克以觀察社會的社會生態學者身分，思考現在的社會「正在發生什麼？」、「那是真正的變化嗎？」、「那意味著什麼？」

杜拉克在《創新者的條件》的前言〈給日本的讀者〉中，寫了如下的內容：

「我衷心期盼，本書能夠激發出日本讀者的創造力，使各位化身成肩負復興的創新者，建構出能與戰後日本匹敵的朝氣蓬勃社會。」

這段話的「創新者」，是指會思考如何打造未來新社會並對此負責的人。正因為如此，杜拉克才會事先提示我們容易掉入的陷阱。

「組織、制度、政策，就像產品和服務一樣，即便失去生命，之後依然能夠倖存。機制一旦完成，就會繼續存在。」

「我們無法發明出完美的制度。就算企圖發明理想工具以實現理想工作，仍然是徒勞。使用早已經熟悉的工具，反而才是明智之舉。」

此處，杜拉克維持一貫敘述風格再次指出一個很大的社會問題，同時又加上一句：「如果派不上用場，一切就毫無意義」。

專欄 Column

十年結出碩果：杜拉克世界的地圖

「謝謝你提出這麼棒的提案。如果論文的挑選能請你代勞的話，那就太令人感激了。請務必使用《現代的管理》與《管理者的條件》。如果這套書能夠實現，我會寫一封正式信函作為前言給日本的經理人們。由衷感謝你的提案和友情。」

（1991 年 6 月 3 日，杜拉克 81 歲，一份新的企劃，我提議從著作中挑選文章進行彙整，以作為給年輕人的建議）

年輕時期，我因為受到《現代的管理》的刺激，企圖闖出一番事業而展開免費旅行。從那之後，我便養成了心動就行動的習慣。這個時候也是，我認為杜拉克的著作中，有很多訊息適合年輕人閱讀，便毫無疑問地提出了這樣的提案。

可是這項個企劃並沒有馬上實現。因為八十多歲的杜拉克，正處於著作多產的時期。《非營利組織的管理》、《未來企業》、《後資本主義社會》、《已經發生的未來》、《對未來的決心》等，他幾乎年年都有新作品，結果杜拉克和我一直都分身乏術。

然後過了十年，這個提案終於以三部曲的形式，結成豐碩的果實。這是杜拉克著作世界的地圖，同時也是我們踏上新時代道路的指標。

作者的話當然是杜拉克，然而杜拉克卻十分堅持：「就算作者是我，但是編輯是你。」結果，全球各出版社匯給杜拉克的初版版稅，他還轉贈了四分之一給我。

《非營利組織的結果導向管理》

原書名：《非営利組織の成果重視マネジメント》與G‧J‧史汀共同編著，上田惇生監譯，鑽石社，2000

中文版：台灣未發行

主要內容

本著作以杜拉克的「五個提問」為主軸，探討如何使NPO活動更有生產性的手段與方法，其中亦納入適用於日本的案例。

目錄

PART Ⅰ　自我評估的五個提問：評估過程參與者工作手冊／PART Ⅱ　自我評估的三個階段：評估過程指南／PART Ⅲ　適用日本的自我評估法應用案例

《下一個社會》

（《ネクスト・ソサエティ》，上田惇生譯，鑽石社，2002）

原書名：*Managing in the Next Society*（2002）

中文版：《下一個社會的管理》，羅耀宗譯，博雅出版，2021

主要內容

僱用結構的變化、少子高齡化、資訊技術（IT）的滲透、創業精神的興起等。本著作從這些核心出發，從中預見今後將出現的「異質社會」，並探討下一個社會的樣貌為何，並闡明這些樣貌會如何改變經濟和管理。

書中內容相當具有說服力，甚至有人稱它是專為日本而寫。因此本著作在 2000 年初期一片 IT 需求熱的澀谷（亦稱比特谷；BitValley）中，成為年輕企業主人手一本的聖經。

年屆 92 歲的杜拉克，卻比任何人都能洞悉未來。

目 錄

第 I 部 逼近的下一個社會

第 1 章 下一個社會的樣貌／第 2 章 改變社會的少子高齡化／第 3 章 僱用的轉型／第 4 章 製造業的困境／第 5 章 企業形態的改變／第 6 章 高階管理的改變／第 7 章 為下一個社會做好準備

第Ⅱ部 IT社會的未來

第1章 IT革命的未來發展／第2章 爆炸的網路世界／第3章 從電腦素養到資訊素養／第4章 電子商務如何改變企業活動／第5章 新經濟尚未到來／第6章 未來的高階主管應盡的五個課題

第Ⅲ部 商業機會

第1章 創業者與創新／第2章 人才是商業的資源／第3章 金融服務業的危機與機會／第4章 超越資本主義

第Ⅳ部 社會或經濟

第1章 如何恢復社會的完整性／第2章 對峙的全球經濟與國家／第3章 重要的是社會：日本推遲策略的意圖／第4章 NPO帶來都市社群

書中主要企業與組織

康寧公司、GM、德爾福公司、ABB集團、JP摩根、高盛集團等金融公司

書中登場人物

羅納德．寇斯、傑克．威爾許、安迪．葛洛夫

提出的概念、理論、方法

IT革命、電子商務、線上學習、改變的倡導者、創新、NPO

➢「一本專為日本寫的書」令年輕企業主瘋狂

「變化是本書的主題，指的是已經發生的事情。下一個社會——Next Society 已經來臨，再也回不去了。」

下一個社會是什麼？杜拉克說：「那是知識社會。知識成為核心資源，知識工作者成為核心工作者。」他同時也進一步宣告，接下來並不是經濟決定社會，而是社會決定經濟，全新的時代已來臨。

「電腦的出現，將在未來的二、三十年期間，帶來前所未有的技術變革，同時也將能看到更大的產業結構、經濟結構，甚至是社會結構的變化。」

「身在急遽變化與動盪的時代當中，不能指望僅靠良好應對就能獲得成功。不管是企業、NPO、政府機關，不分規模大小，都必須了解這巨大的洪流，同時遵循根本。」

已屆高齡 92 歲的杜拉克愈來愈活躍，因為持續與世界各地立於最前端的人士們交流，所以才能預感、預見下一個社會的來臨，並為其做好準備。

這本解說典範轉移（Paradigm shift）的著作，受到了熱烈的迴響。當中尤其顯著的是，年輕的創業家和企業主們的反應十分熱烈。或許是因為這本聚焦於年輕人訊息的前作——《專業的條件》成為世界暢銷書後，緊接著又推出這本書的關係吧！

另外，當時的日本正逢電腦普及一般家庭的時期，而且一場稱為 IT 革命、認定網路將會改變世界的創業青年持續增加。IT 社會、電子商務、創業家……等，完全和本書後半部所闡述的不謀而合，本書完全可視為是一本象徵時代改變的著作。

我曾經把過去在雜誌或報紙上介紹過杜拉克的書的人，或者是在媒體上談論過杜拉克的人，逐一列成清單。其中談到對自己造成最大影響的書，我記得大部分的人都選了這一本《下一個社會》。

這真是一本不可思議的著作。閱讀過的任何人，都會被書中描繪的世界之大所震懾，而這就是杜拉克世界的浩瀚。

《工作的哲學》

原書名：《仕事の哲学》，上田惇生編譯，鑽石社，2003

【註】杜拉克名言集系列第一本。

中文版：《杜拉克思想精粹：工作的哲學》，齊思賢譯，商周出版，2005

主要內容

在要求工作成果的今日，商業人士該如何提高自己的能力，達到自我實現？本系列精心挑選工作成果能力、應有貢獻、優先順序、決策、領導力、溝通、時間管理等，提供一般人憑藉尋常能力，即能成為專業人士的智慧。

目 錄

第 1 章 成長／第 2 章 工作成果能力／第 3 章 貢獻／第 4 章 優勢／第 5 章 應前進的道路／第 6 章 知識工作者／第 7 章 創業精神／第 8 章 團隊合作／第 9 章 溝通／第 10 章 領導力／第 11 章 決策／第 12 章 優先順序／第 13 章 時間管理／第 14 章 第二人生

➢ 杜拉克版「論語」綻放便利貼花朵

閱讀杜拉克書籍的大多數人，都會在重點處劃線，這就跟翻譯時的我一樣，會用筆讓原文書宛如染上一片紅似的。有些人因為劃的重點太多，所以陸續買了三本相同的書；有的人則是自行製作「我的杜拉克名言集」；還有人在整本書上貼滿了便利貼。沒錯，杜拉克的書總是綻放著便利貼花朵。

杜拉克過世的前兩年，也就是 2003 年時，我提議「出版一本名言集吧！」當時我收到的回覆是：「要選什麼就交給你！」於是我試著從他的所有著作中，撈出值得作為名言的字句，結果居然多達 7,000 個。我把它們各分成 4 句或 5 句一段，全部共劃分出 1,350 個段落，然後再分類成「自我實現」、「管理」、「變革」和「歷史」共四個領域。最後，堪稱為「杜拉克論語」的四本名言集就誕生了。

名言集中的《工作的哲學》是以每個人的貢獻和自我實現的字句為重點；《管理的哲學》是與管理有關的內容；《變革的哲學》是發現變化、識別變化、結合變化與行動的方法；最後一本《歷史的哲學》，則是洞見社會的動向與其本質，每本書分別收錄了 200 句左右的名言。

本系列的獨特之處，是除了有成長和生涯目標等人生相關的內容，也有領導力和決策等管理相關的字句，涵蓋的範圍相當廣泛。不過另一方面，亦有真實又銳利的名言，本文節錄如下：

第一份工作就像樂透

第一份工作就像樂透，一開始就找到合適工作的機率並不高。而且還需要花上好幾年的時間，才能夠知道自己該獲得什麼，並轉職適合自己的工作。

——《非營利組織的管理》

向上管理的方法

該如何管理上司？老實說，答案非常簡單。就是運用上司的優勢。

——《管理者的條件》

在本書開頭〈初識杜拉克〉的對談中，糸井重里先生說過：「杜拉克的話，就算只是簡短地摘錄，也是成立的。」能夠從知名文案大師口中聽到這番話，真的讓身為譯者的我感到萬分開心。而且聽到糸井先生的話之後，我才知道為什麼名言集會如此受歡迎了。

我有一套專屬於自己的翻譯規則，其中一個規則就是「不要隨意的把文章字句黏在一起」。所以我的文章，幾乎沒有

「雖然～可是～」之類的表現，意思的表達簡單扼要。或許正是因為這種翻譯風格，才適合製作成名言集。

然後，這四本書出版之後，我收到了杜拉克的感慰之詞。

「這些著作全都出自你的手。恭喜，然後也謝謝你。」

（2003 年 9 月 3 日，杜拉克 93 歲，
來信息祝賀《杜拉克名言集》四部曲成功）

《管理的哲學》

原書名：《経営の哲学》，上田惇生編譯，鑽石社，2003

【註】杜拉克名言集系列第二本。

中文版：《杜拉克思想精粹：經營的哲學》，齊思賢譯，商周出版，2005

主要內容

在劇變的事業經營環境中，管理的基本和原則是什麼？事業的定義、戰略計畫、核心競爭力、行銷、人員管理、目標管理、社會責任等，本系列精心挑選 200 則陳述管理要領的名言。

目 錄

《變革的哲學》

原書名：《変革の哲学》，上田惇生編譯，鑽石社，2003

【註】杜拉克名言集系列第三本。

中文版：《杜拉克思想精粹：變革的哲學》，齊思賢譯，商周出版，2005

主要內容

現代社會最偉大的哲學家，同時也享管理學之父盛譽的杜拉克，率先預告我們處於新時代來臨的重大轉換期漩渦中。本系列精選出 200 則與變化相關的名言。

目　錄

第 1 章　變革的時代／第 2 章　未來／第 3 章　創業者精神／第 4 章　改變的倡導者之條件／第 5 章　改變的倡導者之組織／第 6 章　創新的原理／第 7 章　創新的風險／第 8 章　創新的機會／第 9 章　無法預期的成功與失敗／第 10 章　差距與結構變化／第 11 章　發明發現與創意／第 12 章　創投的管理／第 13 章　成長與多角化／第 14 章　公共機構與創業精神

《歷史的哲學》

原書名：《歴史の哲学》，上田惇生編譯，鑽石社，2003

【註】杜拉克名言集系列第四本。

中文版：《杜拉克思想精粹：社會的趨勢》，齊思賢譯，商周出版，2005

主要內容

熟知兩次世界大戰的杜拉克，為了更美好的社會，描繪今日大轉換的樣貌，並提出無數洞察其本質的字句……本系列精選大轉換的到來、知識革命、NPO 的功能、政治轉型、經濟政策等，以歷史為鑑掌握大局的 200 則名言。

目 錄

專欄 Column

造就翻譯家上田惇生的七個經驗

對於團體職員或是大學教師的稱呼，我都能夠處之泰然，但不知道為什麼，偏偏被稱為翻譯家的時候，我都會覺得很尷尬；雖說我已經翻譯過 50 本以上的書籍，也很享受翻譯家這個頭銜。所以接下來，我想仿照杜拉克「改變人生的七個經驗」的文風，向大家介紹，造就出杜拉克專屬翻譯家的七個經驗。

首先，最大的關鍵在於閱讀習慣。放在圖書館裡的書，彷彿會向我招手一般；所以我讀國中時，不分書籍類別每日一書，而且通學時也會邊走邊看。我的日語能力，肯定就是靠大量閱讀的習慣培養出來的。

第二是高中的時候，從入住療養院時期開始的興趣「俳句」。俳句的魅力在於無冗詞贅言，這個部分也跟翻譯相同。正因為要以最少的字數為目標，所以才更需要反覆閱讀字裡行間，盡可能貼近原文。所以至今我仍然覺得，推敲原稿是一件無上的樂趣。

第三是來自周遭的邀約。就因為前輩的幾句話：「既然都進來經濟團體任職了，不了解什麼叫做經濟是不行的。不如就加入翻譯團隊，剛好也可以當成學習。」在團隊翻譯的書籍出版之後，鑽石社的編輯：「這次要不要自己一個人試試看？」竟然給我這個才剛從大學畢業的年輕人翻譯工作。於是，因為我後來翻譯過帕金森和傅高義的作品，所以又受邀加入野田一夫老師的《管理》翻譯團隊。

第四是早期工作上的失敗。某位外交高官的原稿有難懂之處，但我當時不求甚解直接把稿子送印出刊，結果被罵到臭頭。編輯《抄譯版管理》一書的時候，杜拉克曾回覆我：「連這樣的小地方都看得這麼仔細嗎？」所以，我能夠獲得杜拉克的信賴，就是基於「不懂就要問」的簡單道理。

第五是只要顧慮讀者就好。對譯者來說，最可怕的事就是來自同行的批評。但這樣一來，語詞的翻譯就會變得不夠靈活，有時句子文章也會變得不知所云。

第六是跳脫譯者工作的框架，透過協助調查，深入了解文章內容的奧妙。就是因為如此，我才能夠和杜拉克一起促成《專業的條件》等多達十本，由日本出版暢銷世界的杜拉克系列書籍。

第七是粉絲與和合作譯者的支持。經團連的歷代會長、副會長、委員長都會前來參與新書分享會。而且，當杜拉克詢問某財經界人士「上田的翻譯如何」時，對方甚至回答「比你的英語更容易理解」。另外，當我忙於獨力翻譯工作時，前輩和後輩都會從旁給予協助。

最後，對我來說，真正造就我這個譯者的最大因素，當然就是各位讀者們的支持。如果用模仿杜拉克的語氣來說的話，那就是「不多不少、恰如其分的溫暖應援」。

《實踐的管理者》

（《実践する経営者》，上田惇生譯，鑽石社，2004）

原書名：*Advice for Entrepreneurs*（2004）

中文版：台灣未發行

主要內容

本著作從杜拉克 30 年來在《華爾街日報》投稿論文中，精選直接與管理相關的建言。

目　錄

《杜拉克的 365 金句》

（《ドラッカー 365 の金言》，
約瑟夫・A・馬齊里洛編，上田惇生譯，鑽石社，2005）

原書名：*The Daily Drucker*（2004）

中文版：《每日遇見杜拉克》，張元蕙等譯，天下文化出版，2019

主要內容

本著作以一天一頁的形式，列出杜拉克富含洞察力的名言。在組織裡工作，總會被要求必須達成某些目標的人們，將能從內容中獲得靈感和建議。本著作的推薦序由詹姆・柯林斯撰寫。

➢ 為行動而閱讀的杜拉克版「日曆」

寫出著名暢銷書籍《基業長青》（*Visionary Companies*）的管理學者詹姆・柯林斯（Jim Collins），在本書開頭的「推薦序」中寫道：

「杜拉克的厲害之處，在於他總能夠用簡潔的文章，直白地剖析複雜的世界並闡明真理。彷彿禪師般，以三言兩語開示普世真理，每次閱讀都能有更深一層的理解。這本書籍猶如裝滿至理名言的寶箱。」

本書以一頁一篇的形式，從1月1日開始，到12月31日為止，共摘錄了366句名言，宛如一本杜拉克版的「日曆」。不過，這本書並不只是一本單純的「日曆」。頁數的下方都清楚記載著該如何行動、該如何取得成果。例如以下為7月19日的內容：

「當你對世界的看法改變時，創新的機會就會出現。

ACTION POINT：請思考一下，什麼樣的看法改變後，可能影響你的產業？請檢討該如何利用那種變化。」

杜拉克說，本書最重要的部分，就是各頁ACTION POINT下方的「空白處」。為什麼呢？因為這是一本「行動書」，那個空白處就是讓讀者用來記錄自己的想法、決定、行動的地方。

杜拉克總會在他的演講或諮詢的最後，以下列方式做結尾：

「請不要以『好有趣喔』畫下句點。請告訴我，星期一的早晨，你打算做什麼？」

《技術人員的條件》

（《テクノロジストの条件》，上田惇生編譯，鑽石社，2005）

原書名：*The Essential Drucker on Technology*（2005）

中文版：《杜拉克精選：創新管理篇》，張玉文、羅耀宗譯，天下文化出版，2007

主要內容

所謂的創新，並不是天才的靈光乍現而是工作。把自己的靈感和知識，與行動串聯起來的必備技術管理是什麼？本著作即在說明，技術創造文明的功能與可能性、創新的方法論。

目　錄

PART 3 創新的方法論

9 章 作為方法論的創業者精神／10 章 創新的組織與戰略／11 章 既有企業的創新／12 章 創新的機會何在

PART 4 世界觀的轉換

13 章 從分析到感知／14 章 論知識的意義／15 章 後資本主義社會來臨

後記 專訪「新技術該如何一步步改變世界？」

➢ 理科人的杜拉克與文科人的技術論

我在《創新者的條件》的後記寫道：「杜拉克的全部著作當中，目前仍缺少一個部分。舉例來說，是關於技術又或者是關於工具的部分。」然而我卻直到數年之後，才意識到我可以將它們彙整成一冊。雖然自己曾經寫過那麼一段話，但當初卻完全沒想到要把它們彙整成冊。

有時候理工科的杜拉克粉絲會跟我說：「我想讀杜拉克寫的所有科技相關論文」。

杜拉克曾經說過：「製造技術創造文明。」他甚至還曾經擔任過美國技術史學會的會長。當時，一項稱為世界性製造復興的科技管理（Management of Technology；MOT）研究正在進行，因此我向杜拉克提議，應該把技術相關的論文彙整起來。於是，這本著作便以《初讀杜拉克》系列的第四部曲誕生了。

杜拉克在內容開頭，宣告了現代（即近代理性主義）的時代，將進入另一個尚無名稱的全新時代。他說道：

「我們的世界觀已經改變。我們獲得了新的認知，從而得到了新的能力。新的機會就在眼前，隨之而來的是新的挑戰和風險。我們甚至獲得了值得成為我們依靠的工具。」

杜拉克更進一步說道：「現代的世界觀，是 17 世紀上半葉法國哲學家笛卡爾的產物。近來已很少有哲學家，願意發自內心追隨笛卡爾。然而這被稱為現代的世界觀，依然是出自於笛卡爾。」

笛卡爾主張，一切事物都能用邏輯闡明。只要了解一個真理，就能進一步理解另一個真理。事實上，在近代理性主義之下，技藝（Techne）得以系統化（logy），使技術（Technology）誕生，進而創造出科學，然後帶來工業革命，最後促使生產力大幅提升。但即便物質再怎麼富饒，世界上的人們仍無法獲得幸福。

所謂的「技術人員」是指，同時擁有技術和理論的人。本書不僅要把管理知識傳授給肩負創造、自我實現與文明的技術人員，同時還要把技術的可能性和方法論，傳授給非技術人員的人們。亦即，把杜拉克介紹給理工人，並把技術論介紹給文科人。

先前我為了籌措「製造大學」設立的資金，奔走於公司和團體之間。爾後從 2001 至 2005 年之間，都在製造技能工藝學系教授管理論和社會學。就在前幾天，我剛好從某位畢業生那裡，收到了一封關於本書的熱血郵件。看來這裡也有一個閱讀過杜拉克的著作，並實際體驗實踐過的「各式各樣的杜拉克」。

在此順帶一提，「製造大學」的名稱是由哲學家梅原猛先生*命名的，英文名稱「Institute of Technologists」則是杜拉克應我的請託命名的。

---

* 編注：梅原猛（1925-2019）是日本當代的哲學大師，主要研究日本古世紀文化，著作等身，他的學問被稱為「梅原古代學」或「梅原日本學」。

《知識巨人　杜拉克自傳》

（《知の巨人　ドラッカー自伝》，牧野洋譯，日經商業人文庫，2009）

原書名：*My Personal History*（2005）

中文版：《彼得・杜拉克：跨越 20 世紀的一生》，黃偉民譯，博雅出版，2022

主要內容

本著作是代表 20 世紀的偉大思想家，杜拉克的第一本自傳。他從近身接觸多位名人的少年時期回憶起，接著是納粹政權下的新聞記者時代，然後透過 GM 的企業調查，一直到成為「管理大師」。杜拉克在書中內容，敘述了至今波瀾壯闊的人生。

目　錄

基本上是個作家／出生於首都維也納／世界上最溫柔的父親／與佛洛伊德握手／遇見與最棒的老師／紅旗遊行邀約的隊伍前鋒／逃離無聊的維也納／經濟大蕭條下的記者之路／直接採訪希特勒／納粹突擊隊／與桃樂絲重逢／盛況空前的凱因斯講座／「大戰前夕」的蜜月旅行／與華盛頓郵報簽約／首部作品獲邱吉爾賞識／向雜誌王學習的 60 天／晴天霹靂／戰爭下的工

廠現場採訪／獨具一格的經理人斯隆／砲火集中於「公司的概念」／分權制風潮／以「知識工作者」為生涯主題／設計「管理顧問」／又見幸運女神／戴明與擔綱授課／初次訪日鑑賞日本畫／全心致力 NPO

➢「這是非常重要的聯絡」

2004 年春，日本經濟新聞的美國總局長，打電話到我在製造大學的研究室。他表示，希望能夠在「我的履歷表」專欄上介紹連載杜拉克教授的生平，因此想請我詢問他的意願。我馬上傳真給杜拉克，告訴他「這是非常重要的聯絡」。

爾後的合作進展迅速，隔年的 2005 年 2 月，就結束了 27 回的連載。然後於當年 5 月，即以單行本的形式正式出版（現收錄於日經商業人文庫系列）。

《P・F・杜拉克管理論》

（《P・F・ドラッカー経営論》，
DIAMOND 哈佛商業評論編輯部譯，鑽石社，2006）

原書名：*Peter F. Drucker on Management*（2006）

【註】本書為杜拉克投稿至 Harvard Business Review 的全部論文，再加上一則 DIAMOND 哈佛商業評論編輯部的獨家專訪，是一本 HBR 論文集完全版。

中文版：台灣未發行

目 錄

生產性／第 27 章　多元化社會／第 28 章　21 世紀的高階主管（專訪）／第 29 章　企業永續理論／第 30 章　管理階層需要的資訊／第 31 章　為「已經發生的未來」做準備／第 32 章　自我探索的時代／第 33 章　外包的陷阱／第 34 章　明日的指南（專訪）／第 35 章　專業經理人的行動準則／補遺　美國社會的動態（討論會）

《專業的原點》

（《プロフェッショナルの原点》，
與約瑟夫·A·馬齊里洛共同著作，上田惇生譯，鑽石社，2008）

原書名：*The Effective Executive in Action*（2006）

中文版：《杜拉克給經理人的行動筆記》，齊若蘭譯，遠流出版，2012

主要內容

本書不僅是實現成果的分級指南，亦是《管理者的條件》的補充版。這本工作論的主流著作，內容以杜拉克的論述為基礎，把自我磨練、在有限時間內實現最大成果的必備知識等彙整成冊。

目　錄

第 1 章　實現成果的能力可學習而得／第 2 章　了解你的時間／第 3 章　能夠如何貢獻？／第 4 章　發揮優勢／第 5 章　專注於最重要的事／第 6 章　確實執行決策／結語　實現成果的能力是必修課程

《贈送給管理者的五個提問》

（《経営者に贈る 5 つの質問》，詹姆・柯林斯、
菲利普・科特勒等特別投稿，上田惇生譯，鑽石社，2009）

原書名：*The Five Most Important Questions You Will Ever Ask about Your Organization*（2008）

中文版：《存活的本事》，陳筱宛譯，臉譜出版，2017

主要內容

在進行諮詢的時候，杜拉克會拋出本質性的問題，本著作將介紹其中最重要的「五個問題」。曾受教於杜拉克的人士，也在書中分享他們各自的想法。

目　錄

為何需要自我評估／問題 1 我們的任務是什麼？／問題 2 我們的顧客是誰？／問題 3 對顧客而言的價值為何？／問題 4 對我們而言的成果為何？／問題 5 我們的計劃是什麼？／組織要如何才會改變？／為了實現最大的成果

《〔英日對譯〕決定版 杜拉克名言集》

原書名：《〔英和対訳〕決定版　ドラッカー名言集》，上田惇生編譯，鑽石社，2010

中文版：台灣未發行

主要內容

管理學的泰斗，為世界各地企業人士帶來莫大影響的杜拉克，留給後世的訊息是什麼？本書從杜拉克在管理、商業、技能、社會等廣泛領域裡，獲得大量迴響的浩瀚名言中，精選出120則可作為商業與人生羅盤的經典金句，並首次以「英日對譯」決定版付梓。

➢ 杜拉克迷精選的「名言中的名言」

收錄在《工作的哲學》等名言集四部曲的名言，每冊各有200句，四冊共計800句。日文版全都已經再版，而中文版和韓文版也已經出版。

因為偶爾會收到讀者客氣熱情的詢問：「這句名言的英文原文是什麼？」所以我便有了製作一本對譯名言集的想法，至少該收錄代表性名言的英日文，於是接著展開把名言刪減成120則的作業。

然而，就在刪減至187則的時候，卻出現就算刪除一則，隔天又會再讓該則復活的窘境。無可奈何之下，我決定徵詢粉絲的意見。

於是，我便邀請伊藤洋華堂的伊藤雅俊名譽會長、松下電器的中村邦夫會長、UNIQLO的柳井正會長兼社長、糸井重里、岩崎夏海等，共計106名喜歡杜拉克的各界人士，請他們幫忙挑選應該收錄的名言。其中，有的人僅挑選四則，但也有人挑選了120則，每個人的選法各不相同。就這樣，滿足粉絲想一探原文為何的好奇心，由杜拉克迷（Druckerlien）專為杜拉克迷精選的名言集，就這麼誕生了。

本書發行之際，《鑽石週刊》雜誌還特別以名為「杜拉克迷最愛的杜拉克《名言TOP 30》」的企劃進行解說，以下就為大家介紹說明其中三則。

顧客的創造

這一段是受到最多杜拉克迷支持的名言，事業的目的是「to create a customer」，也就是創造顧客。

If we want to know what a business is, we have to start with its purpose. And its purpose must lie outside of the business itself.

In fact, it must lie in society since a business enterprise is an organ of society. There is only one valid definition of business purpose: to create a customer.

—*The Practice of Management*

若要了解企業是什麼，就必須從企業的目的開始思考。企業的目的都在各家企業之外。企業是社會的機構，其目的在於社會。因此，企業目的只有一個有效的定義，那就是創造顧客。

——《現代的管理〈上〉》

建立教學組織

這一段的意思是說，正因為人是知識社會中最大的資產，所以組織應該以成為學習兼教學的機構為目標。

The best way for people to learn how to be more productive is for them to teach. To obtain the improvement in productivity which the postcapitalist society now needs, the organization has to become both a learning and a teaching organization.

—*Post-Capitalist Society*

提高生產力的最佳方法就是去教學。在知識社會中，若想要提高生產性，組織本身就必須成為學習兼教學的組織。

——《後資本主義社會》

今天該為明天做什麼

這一段名言，充分表達出杜拉克管理哲學的實用性。

The question that faces the strategic decisionmaker is not what his organization should do tomorrow. It is, "What do we have to do today to be ready for an uncertain tomorrow?"

—*Management*

問題不在於明天該做什麼，而是「為了不確定的明天，今天該做什麼？」

——《管理〔精簡版〕》

《杜拉克差異》

（《ドラッカー・ディファレンス》，克雷格・L・皮爾斯、
約瑟夫・A・馬齊里洛、山脇秀樹編，上田惇生等譯，
東洋經濟新報社，2010）

原書名：*The Drucker Difference*（2010）

中文版：《杜拉克的管理智慧》（暫譯），慈玉鵬譯，博雅出版，2024

主要內容

原為克萊蒙特研究大學杜拉克學院的系列講義，由該校教授們領銜彙整成本的著作。

目　錄

第 1 章　作為通識教育的管理／第 2 章　杜拉克會説什麼／第 3 章　知識時代的領導／第 4 章　企業的目的為何／第 5 章　企業策略的妥適診斷／第 6 章　社會部門的世紀／第 7 章　探索「已經發生的未來」／第 8 章　知識工作者的自我管理／第 9 章　杜拉克行銷的原點

《杜拉克的講義（1943-1989）》

（《ドラッカーの講義（1943-1989）》，里克・沃茨曼編，
宮本喜一譯，Achievement 出版，2010）

原書名：*The Drucker Lectures: Essential Lessons on Management, Society and Economy*（2010）

中文版：《杜拉克講座選》，林麗冠譯，博雅出版，2022

主要內容

由克萊蒙特研究大學的杜拉克研究中心（The Drucker Institute）領銜，重新編輯彙整杜拉克橫跨半世紀的講義、演講記錄和演講影片。上冊內容收錄了杜拉克早期在班寧頓學院的講義，和 1957 年作為美國代表團代表，在巴黎國際經濟會議上的演講稿等 16 篇文章。

目　錄

《杜拉克的講義（1991-2003）》

（《ドラッカーの講義（1991-2003）》，里克・沃茨曼編，
宮本喜一譯，Achievement 出版，2010）

原書名：*The Drucker Lectures: Essential Lessons on Management, Society and Economy*（2010）

中文版：《杜拉克講座選》，林麗冠譯，博雅出版，2022

主要內容

由克萊蒙特研究大學的杜拉克研究所領銜，重新編輯彙整杜拉克的講義。下冊內容收錄的 17 篇文章，包含了杜拉克向華盛頓經濟俱樂部、NPO、聯邦政府官員演講的講稿。

目　錄

1990 年代／ 2000 年代

《杜拉克為何要發明管理》

（《ドラッカーはなぜ、マネジメントを発明したのか》，
傑克．貝提著，平野誠一譯，鑽石社，2011）

原書名：*The World According to Peter Drucker*（1998）

中文版：《大師的軌跡：探索杜拉克的世界》，李田樹譯，天下文化出版，1998

【註】本書作者傑克．貝提是《大西洋月刊》的資深編輯。

主要內容

生平居住過德國、英國、美國的杜拉克，為什麼能夠寫出一系列的著作？本書內容剖析杜拉克如何「發明」管理方法。

目　錄

第 1 章　與眾不同的教育／第 2 章「寫作是我的工作」／第 3 章　追求「新社會」／第 4 章　從內部看通用汽車／第 5 章　20 世紀的基礎障礙／第 6 章　發明管理的男人／第 7 章　斷層時代／第 8 章　帶著自己的柴刀

《杜拉克入門》

原書名：《ドラッカー入門》，上田惇生著，鑽石社，2006
中文版：台灣未發行

主要內容

翻譯杜拉克主要作品的本書作者，將帶讀者認識管理大師杜拉克的思想全貌與魅力。杜拉克畢生提出的許多問題、尋找解決方案的課題，在進入 21 世紀的現今仍具有其重大意義，依舊探索著社會、經濟、組織、以及在其中工作的人們今日面臨的問題。

目　錄

第 1 章　人類的幸福需要什麼：杜拉克的問題意識／第 2 章　轉換期的巔峰尚未來臨：杜拉克的時代認知／第 3 章　不要讓邏輯告訴你一切：社會生態學者杜拉克／第 4 章　尋求全民適用的帝王學：管理學之父杜拉克／第 5 章　你能貢獻些什麼留念後人：自我管理的方法論／第 6 章　成為世界典範是否可能：杜拉克所愛的日本

➢ 不可思議的是所有人都認為「是為自己而寫」

杜拉克總是說：「你比我自己更了解我的著作。」如果說我聽到這一番話並不開心，那絕對是騙人的，但另一方面，我總覺得這樣的說法有點半開玩笑的性質。

然而直到他過世的半年前，我才知道他是當真的。2005年，他曾在《技術人員的條件》的前言〈給日本的讀者〉中寫道：

「上田先生比我自己更了解我的著作，因為翻譯是了解該著作的最佳方法。」

杜拉克和公司前輩，都曾對畢業剛就職的我說過相同的話：「如果你想要學習經濟，那就去翻譯經濟的書籍。」

所以我對杜拉克會這麼了解，其實也沒有那麼值得敬佩。如果有人希望向杜拉克學習，我會直接跟他說去翻譯原著吧！

我幾乎翻譯了杜拉克的所有著作，同時也和杜拉克本人共同編輯過多本名言集類的書籍。可是以前唯獨一件事情我決定不做，那就是不寫杜拉克的評論。

這麼做的原因是，我認為我的職責在於為廣大的杜拉克迷，包含那些向杜拉克學習管理而獲得成功的人、從他的著作獲得靈感的人以及熱愛他思想的人，提供盡可能客觀中立、不帶個人色彩的文章。

2001 年 6 月，我接受了《東洋經濟週刊》漫長時間的專訪。專訪的內容以〈彼得・F・杜拉克入門　八種樣貌〉為專欄名稱，連載了八週的時間。杜拉克本人還閱讀了前兩回的英文翻譯，並提供了一些建議給我。

本書即是以那次的專訪為基礎，再額外增添補充內容的彙整之作。這也是我以譯者兼編輯的身分撰寫的入門書，內容彙整了管理學之父，同時也是現代社會最偉大的哲學家——彼得・杜拉克長達 96 年來的著作和論述。

我和杜拉克的結識是在大學時期，當時我閱讀了他的《現代的管理》。一開始原本想寫一本像杜拉克那樣的書，然後開始收集資料；但後來又投入籌措免費橫越美洲大陸的旅行。從那之後已經過了 50 年，而出版社詢問我要不要寫杜拉克評論，也已經問了 30 年。如果在杜拉克過世的這個時候，我再不提筆書寫的話，恐怕這輩子都不會寫了。

由於這是一本入門書，所以我打算盡可能地從客觀的角度開始編寫。然而，還是行不通。結果就入門而言，完成後的內容根本就太過主觀。不過，或許原本就不可能有客觀的杜拉克入門。

應該很多人都覺得，對泡沫經濟敲響警鐘的《動盪時代的管理》、談論社會轉換的《下一個社會》等，這些內容簡直就像為了日本量身打造。我當然也由衷地相信，那些內容是杜拉克寫給日本和日本人的。然而，事實上不管是哪個國家的人，應該都會認為杜拉克的書，是為了自己和自己的國家社會而寫的。

每個人都有自己喜歡的杜拉克金句，每個人喜歡的杜拉克也各不相同。所謂的杜拉克，就是每個人詮釋後的「各式各樣的杜拉克」。透過本書的書寫，讓我又有了全新的體會。

《P・F・杜拉克追求理想企業》

（《P・F・ドラッカー理想企業を求めて》，
伊莉莎白・哈斯・伊德賽著，上田惇生譯，鑽石社，2007）

原書名：*The Definitive Drucker*（2007）

中文版：《杜拉克的最後一堂課》，胡瑋珊譯，美商麥格羅希爾出版，2007

主要內容

本著作是應杜拉克本人要求，在他人生最後一年半進行的獨家貼身專訪，也是杜拉克對動盪時代提出眾多最後建言的力作。透過直接向 GE 的傑克・威爾許、P&G 的賴夫利等世界級高階經理人取材，其中顯現的杜拉克諮詢生涯全貌，是所有商業人士都非常受用的內容。

目　錄

前言　為何而管理／第 1 章　自由組合的世界／第 2 章　一切就從理解顧客開始／第 3 章　為了創新該拋棄什麼／第 4 章　合作要從根本開始改變想法／第 5 章　企業就是人／第 6 章　決策是為了實現成果的方法／第 7 章　21 世紀管理的最大問題

➢ 現代社會最偉大的哲學家說的「最後」建議

伊莉莎白·哈斯·伊德賽（Elizabeth Haas Edersheim）不僅是麥肯錫公司的第一位女性合夥人（董事會成員），也是一位管理顧問。她從 2004 年 4 月開始，到杜拉克過世的這一年半期間，貼身專訪杜拉克。杜拉克過世之後，她又花了一年的時間額外採訪取材，最後完成這一本著作。

「妳要不要採訪我，然後寫成一本書？」當初主動提議的人是杜拉克。伊德賽的前一本著作《遠見者：麥肯錫之父　馬文·鮑爾的領導風範》介紹了世界顧問先驅，同時也是杜拉克好友的鮑爾。杜拉克在閱讀該書之後，便選擇伊德賽為他的管理哲學做最後統整。

專訪期間，伊德賽也同時採訪了 GE 的傑克·威爾許、P&G 的賴夫利、杜拉克的客戶和學生、從大企業至中小企業的管理者、NPO 相關人士、管理學者、追隨者等數十個人。

伊德賽甚至還專程從美國飛到日本採訪我。我當時把自己與杜拉克往來的七百多封信件和傳真影印給她。聽說杜拉克交代她：「一定要跟上田先生見個面」。

在採訪相關人士的時候，伊德賽發現了一個他們的共通點。就是大家全都異口同聲地說：「杜拉克帶給我啟發，擴大了我的眼界。」這話的確沒錯，當初讚賞杜拉克的邱吉爾也曾經說過同樣的話。

杜拉克式的諮詢顧問手法，也具有上述那句話的特色。據說，杜拉克的諮詢服務方式就是追根究柢地提問，有時候他會不斷地拋出問題追問客戶。

首先，杜拉克的第一個問題總是：「貴公司的經營何種事業？」接下來的問題是：「對客戶有什麼好處？」「對員工有什麼好處？」等。

伊德賽表示：「杜拉克的話就是觸媒」。透過不斷追問客戶或學生，藉此引起「化學反應」，促使他們描繪出願景、挑戰先入為主的觀念、更直觀並且堅定地相信自己。

本書內容裡，也聊到了許多有趣的小插曲。例如：豐田式的管理就是杜拉克式的管理、谷歌向杜拉克學習的事物、GE事業起飛是由於杜拉克的某個提問等。

杜拉克和他的客戶們追求的是理想企業。大概在最後一次專訪中，杜拉克說出的建言直可堪稱為終極建言，摘錄如下與跟各位分享：

「坦然地經營與管理，坦蕩地實現成果。」

「享受工作。」

「為此，發揮你的優勢。找到讓自己燃燒的火苗。」

「持續挑戰。」

「和你尊重的人共事。」

《杜拉克 超越時代的語言》

原書名：《ドラッカー 時代を超える言葉》上田惇生著，鑽石社，2009
中文版：《彼得．杜拉克 超越時代的語言》，陳冠貴譯，博雅出版，2024

主要內容

「現在，如果是杜拉克，他會説什麼呢？」實現成果的方法、管理、社會的變化……如果杜拉克還活著，仍有許多問題想請教他；希望能透過杜拉克的「眼睛」，解讀現在正在發生的事和未來即將發生的事。享譽杜拉克「在日本的分身」稱號之作者，從杜拉克的著作中精選出精華文章，並針對各種主題附上解説，儼然打造出了一本「杜拉克百科」。

目　錄

III　策動組織

1 管理是為了什麼／2 使命與顧客是一切／3 不要錯過管理的關鍵／4 創新的守則／5 如何捕捉創新的機會／6 讓公共利益成為自己的利益

IV　激發行動力

1 發揮創業精神／2 何謂真正的領導力／3 為何會決策錯誤？／4 該如何制定策略／5 實現培育人才的人事管理

V　掌握變化

1 如何感知變化：後現代的作風／2 為了掌握時代的變化／3 誰將承擔明天的責任／4 探索經濟與教育應有的樣貌／5 公家機關的角色變化／6 日本前進的之道

➢ 無後繼者，但是本人還在

2003年4月，我開始在《鑽石週刊》上面連載「三分鐘杜拉克」專欄（過刊在網站「DIAMOND online」公開中）。

這是因為聽到讀者表示，希望能有一本廣納杜拉克各方論述的百科全書。於是我針對從著作裡引用一事，和杜拉克本人商量。杜拉克表示，希望我能聚焦各問題並進一步解說。看到第一回連載的原稿樣本英文翻譯時，杜拉克非常地開心，回覆我以下這一段話：

「不管是我寫的或是我說的，所有的一切（anything and everything），無論是專欄或是任何地方，我全都同意你使用。對我來說，這不僅是我的榮幸也是驕傲。翻譯成英文的第一回專欄讓我非常感動。就算只是短篇文章，一週一篇專欄仍然是非常辛苦的，敬請多加保重身體。」

本書就是從這三百多篇的連載原稿中，挑選出160篇加以修訂補充，然後再依照三大主題：「個人與成果的實現方法」、「組織與管理」、「社會與其變革」進行編排彙整。

2005年，「三分鐘杜拉克」的連載邁入第130回的時候，發生了一件事。

專訪杜拉克的伊莉莎白・哈斯・伊德賽來信請托，為了當作她寫新書參考之用，希望我能提供我和杜拉克之間往返的書信。我回答：「這部分要看杜拉克先生的意思。」後來她回覆：「杜拉克夫人桃樂絲說，全看上田老師您的意思」。這個時候，我就已經對杜拉克的健康狀況有心理準備了。

數星期之後，正當我在猜想著，設立「杜拉克學會」時，他會不會捎來消息。爾後來自杜拉克的航空信件，從製造大學輾轉送到我手上。當時大學還在放暑假，因此我晚了三個星期才收到信件。明明從好幾年前，書信往來的方式早就從航空信件轉換成傳真了，為什麼……。

於是我慌忙地送出傳真：「當然，我一直都在。」可是，杜拉克再也沒有回覆了。最後我收到的是，10 月 6 日來自桃樂絲的訊息。

「他應該無法再回信了。雖然身體沒什麼問題，但恐怕沒辦法再寫了。真是抱歉。」

然後，2005 年 11 月 11 日，杜拉克在克萊蒙特的家中，自人生的舞台謝幕。

杜拉克離世的 11 月 11 日，是決定他生涯的第一次世界大戰的終戰之日。然後 13 歲的少年杜拉克，在慶祝奧地利共和制五週年紀念的那一天，意識到自己是名旁觀者而不是遊行者的日子，距今也已經有 82 個年頭。再過 8 天就是他的 96 歲生日，同時也是他本人引頸期盼日本杜拉克學會的成立之日。

長久以來，只要我有任何不懂的地方，他總是能馬上為我解惑，但以後再也沒有機會了。

在他過世之後，《鑽石週刊》的專欄連載仍一直持續到 2010 年 10 月 16 日。那段期間，我在寫作時會經常推敲：「如果是杜拉克本人的話，他會說什麼呢？」

我在本書中，寫了這麼一句話：「杜拉克之後並無後繼者，可是，他本人仍以各種形式存在。」誠如我寫的這句話，他的著作愈來愈多人閱讀，他的影響力也因此愈來愈壯大。如今我仍經常陷入杜拉克依然健在的錯覺，感覺家裡的傳真機，似乎隨時都會響起那熟悉的嗶嗶聲，並伴隨著杜拉克傳來的信函。

《如果高中棒球社女經理讀過杜拉克的「管理學」》

原書名：《もし高校野球の女子マネージャーがドラッカーの「マネジメント」を読んだら》，岩崎夏海著，鑽石社，2009

中文版：《如果，高校棒球女子經理讀了彼得・杜拉克》，加藤嘉一譯，新經典文化出版，2017

主要內容

這本青春小說，是描述主角川島南與棒球社的夥伴們，在閱讀杜拉克的書籍後，前進甲子園的故事。本書是累計銷售超過 270 萬冊的暢銷書，簡稱為《如果杜拉克》。

目　錄

第一章　小南遇上「管理學」／第二章　小南負責管理棒球社／第三章　小南推動行銷／第四章　小南打算成為專業譯者／第五章　小南想要運用人的優勢／第六章　小南積極創新／第七章　小南處理人事問題／第八章　小南思考何謂真摯

後記

大學一年級的時候，第一次閱讀的管理書《現代的管理》，就讓我深深地著迷。爾後，我把所有事物都當成事業看待。馬上就想採取行動、擬定戰略，甚至也曾實際行動過，感覺就像杜拉克一直在身後推我一把似的。

有趣的是，我的第一個目標是我想寫一本像杜拉克「那樣的書」，而且我也確實開始認真地收集資料。然而，5 月連假和朋友見面後，明明沒有錢、沒有人脈、也沒有英語會話能力，卻突然興高采烈地發起「想去美國」的宏願。這便是我接下來的事業。

杜拉克說，夢想很遠大，但要用手中的工具，case-by-case 逐一達成。所謂的手中工具，就是運用自己的優勢和擅長的方法。case-by-case 逐一達成的意思，就是把一切都當成事業看待。那個事業的積累就是文明。所以企業家會成為 Druckerlien（杜拉克的粉絲）是理所當然的。可是並非只有企業的事業才是事業，政府機關、醫院、經濟團體、NPO、《如果杜拉克》的川島南在做的事情，全都是事業。

大學畢業之後，我到經團連的事務所任職。因為有助於學習經濟，所以前輩建議我翻譯經濟學的相關書籍，於是我翻譯了傅高義和帕金森的書。工作上擔任會長祕書的時候，我得到機會進入《管理》的翻譯團隊。因為那本書實在太厚，於是我便直接向杜拉克提出希望製作抄譯本的想法。這個時候，我的翻譯事業經歷開始邁入了正軌。

除了霞之關（日本中央政府機關的所在地）和永田町（國會議事堂所在地）之外，我認為我們更需要努力向國民與海外合作夥伴宣傳，當我提出這個建議時，上級十分贊同。為此，我認為我們也必須設立一個「公共關係機構」，然後，上級也同意放手讓我去做，於是便成立了「經濟公共關係中心」。中心這邊的「公共關係事業」，成立至今也剛好達成了百件企劃案。

工作 18 年後，我在職務上有很大的異動，轉而負責國際關係。當時，我的第一份工作是「放寬邊境管制以利消除貿易摩擦」。我把 200 件左右的案件當成一件件的事業，逐一妥善處理完成。在與國外的直接關係方面，除了召開國際會議、派遣經濟代表團之外，更以 EU（歐洲聯盟）、美國州議會為對象，展開了「遊說活動」，這些也全都是事業。

從國際經濟部回任公共關係部門之後，我所處理的其中一項工作是，與東協各國之間的「文化交流」。當然，每個國家都得規劃截然不同的企劃。

爾後，我被借調到國際技能振興財團，參與設立「製造大學」用的「募款活動」。

於此同時，擔任《抄譯管理》和《管理〔精簡版〕》的編輯；將杜拉克的著作世界地圖化：從《專業的條件》開始，到《初讀杜拉克》四部曲的編輯、《杜拉克名言集》四部曲的編輯等，好幾十冊的「從日本銷往世界各地的暢銷書」企劃，當然也是我的事業。

兩年前，我被診斷出前列腺癌。雖然之後順利徹底切除，卻在術後追蹤過程，發現胸腔有奇怪的陰影。還好，那並非轉移性的癌細胞而是原發性。換句話說，等於是前列腺癌偶然救了我的命。現在，我的左肺下葉已經切除，正在進行術後觀察和肺功能的復健。

可是，我並不打算把這項治療當成是自己的最後事業。在本書的初稿完成之後，我打算以一個全新重生的人、一個癌症倖存者的身分，翻譯本書中曾介紹過的 *Management Revised Edition*[1] 和 *Landmarks of Tomorrow*[2]，以及大幅度修改在與糸井先生對談過程中，獲得他大力推薦的《杜拉克入門》。

1　中文版：《管理修訂版》，顧淑馨譯，博雅出版，2022。
2　中文版：《明日的地標》，劉純佑等譯，博雅出版，2020。

這本書之所以會誕生，與糸井重里先生之間的對談，成為了出版此書的伏筆和契機。所以我也想藉由此文，衷心地感謝糸井先生。

本書的目的，是希望把杜拉克的浩瀚著作完整地歸納為一本書目目錄。就有關於杜拉克的著作來說，市面上還有許多由研究者、管理者、實務經驗人士等撰寫的優秀作品。每一部都是分享杜拉克精采之處的作品。但礙於本書篇幅的關係，許多相關作品無法逐一介紹，實屬可惜。如果各位讀者能夠拜讀一下杜拉克本人以外的其他著作，相信一定能夠發現到更偉大的杜拉克。

本書是由鑽石社的前澤 HIROMI 構想製作，年輕作家井上健太郎亦提供莫大助力。文章最後，於此獻上我深深的謝意。

2012 年 4 月
上田　惇生

年表

1909 年	0 歲。11 月 19 日，出生於奧匈帝國的首都維也納。父親阿道夫（1876-1967）是經濟部次長（辭官後曾任銀行行長、維也納大學教授。流亡美國後，先後在北卡羅來納大學、加利福尼亞大學等校擔任教授）。母親卡洛琳（1885-1954）的養父是英國的銀行家。自維也納大學醫學院畢業後，在蘇黎世神經科診所擔任助理約一年左右。雖然沒有開業就進入家庭，但在當時是非常少見的女神經科醫師。
1914 年	4 歲。第一次世界大戰爆發。
1917 年	7 歲。在父親的介紹下，認識了精神分析學者佛洛伊德，並留下深刻印象。佛洛伊德發表《精神分析入門》。
1918 年	8 歲。11 月 11 日，第一次世界大戰結束。哈布斯堡王朝滅亡，奧地利被分割成共和國。
1919 年	9 歲。進入維也納的文理中學就讀，覺得上課十分枯燥乏味。

1927 年　17 歲。以跳級方式，提前 1 年從文理中學畢業，離開維也納。移居德國，在漢堡以實習的身分進入貿易公司就業。進入漢堡大學法學系就讀。大學入學的審查論文是「巴拿馬運河對世界貿易的影響」。

1929 年　19 歲。轉學至法蘭克福大學法學系。結識當時尚未出名的 19 世紀丹麥思想家齊克果，沉迷於閱讀。同時也在法蘭克福的美商證券公司任職，之後公司因經濟大蕭條（黑色星期四）破產。

1930 年　20 歲。成為當地具影響力的報紙《法蘭克福紀事報（法蘭克福日報）》（*Frankfurter General-Anzeiger*）的經濟記者。

1931 年　21 歲。進入報社兩年後，升職為副主編。從此時即預測到納粹會掌握政權，數次直接採訪納粹幹部。取得國際公法博士學位，博士論文的題目是「準政府在國際公法上的地位」。此際邂逅未來的終生伴侶，大學的學妹桃樂絲．史密特。

1933 年　23 歲。希特勒執掌政權。第一本著作《弗里德里希．朱利葉斯．斯塔爾——保守主義與其歷史發展》（*Friedrich Julius Stahl, Conservative Political Theory and Historical Development*），由知名出版社 Mohr，以法律行政叢書第 100 號紀念版出版，但出版後被視為禁書，遭到焚書處分。一度返回維也納，之後又出逃至倫敦。在地下鐵的手扶梯上，再次與桃樂絲擦身重逢。

1934 年　24 歲。在倫敦市商業銀行的弗利柏格商會，以分析師兼助理合夥人的身分任職。也曾經在劍橋大學旁聽過經濟學者凱因斯的授課，但覺得不適合自己，確信自己不適合讀經濟學。在躲雨的畫廊偶遇日本畫。

1937 年　27 歲。和桃樂絲結婚，移居美國。投稿《金融時報》等媒體。發送美國經濟短訊給弗利柏格商會等組織。

1938 年　28 歲。投稿歐洲相關事務內容至《華盛頓郵報》等媒體。

1939 年　29 歲。首部作品《「經濟人」的終結》出版。日後的英國首相邱吉爾，在《泰晤士報》的書評專欄中表示讚賞。在紐約的莎拉勞倫斯學院擔任兼職講師，教授經濟與統計。

1940 年　30 歲。短期從事《財星》經濟雜誌的編輯工作。

1941 年　31 歲。日美戰爭爆發不久後（迎接 32 歲的生日），在華盛頓工作。在佛利爾美術館愛上日本美術。

1942 年　32 歲。在佛蒙特的本寧頓學院，以教授的身分教授政治、經濟、哲學。擔任美國政府的特別顧問。第二本著作《工業人的未來》出版。

1943 年　33 歲。應閱讀了《工業人的未來》的 GM 幹部邀約，在曾為世界最大的汽車製造商 GM，進行一年半的組織和管理調查。深受艾爾弗雷德・斯隆的影響。取得美國國籍。

1945 年　35 歲。第二次世界大戰結束。

1946 年　36 歲。以 GM 調查的結果為基礎，出版了第三本著作《何謂企業》。提倡「分權制」。該著作成為福特東山再起的教科書、GE 組織改革的典範。世界各地的大企業開始掀起組織改革的風潮。

1947 年　37 歲。指導在歐洲實施的馬歇爾計劃實施。

1949 年　39 歲。在紐約大學研究所擔任管理學院的教授。在研究所創設管理研究科。

1953 年　43 歲。與索尼、豐田建立關係。

1954 年　44 歲。出版《現代的管理》。獲譽為管理的發明者、管理學之父。

1957 年　47 歲。闡述現代轉換為後現代的《轉型中的工業社會》出版。

1959 年　49 歲。首次訪日。拜訪立石電機（現在的歐姆龍）等企業。開始收集日本畫。

1964 年　54 歲。出版世界首創的管理策略書《創造的管理者》。

1966 年　56 歲。由於對日本產業界的貢獻，獲頒三等瑞寶章。公認為全民適用的帝王學《管理者的條件》出版。

1969 年　59 歲。出版《斷層時代》，預告延續至今的轉折點即將出現。此書成為多年後柴契爾夫人推動民營化政策的靈感來源。世界的民營化風潮就此展開。

1971 年　61 歲。在加州克萊蒙特研究大學創設管理研究所，並於該大學擔任教授。

1973 年　63 歲。出版管理學的顛峰之作《管理》。

1975 年　65 歲。開始投稿《華爾街日報》。爾後歷經 20 年的寫作生涯。

1976 年　66 歲。出版預告高齡化社會到來的《看不見的革命》。

1979 年　69 歲。出版半自傳《旁觀者的時代》。在克萊蒙特的波莫納學院，以兼職講師的身分教授東洋美術五年。

1980 年　70 歲。出版最早對泡沫經濟敲響警鐘的《動盪時代的管理》。

1981 年　71 歲。和 GE 的 CEO 傑克・威爾許共同開發占居業界領導地位的「數一數二」戰略。出版《日本成功的代價》。

1982 年　72 歲。出版第一本小說《最後的四重奏》與《變動中的管理者世界》。

1984 年　74 歲。出版小說《行善的誘惑》。

1985 年　75 歲。推動創新系統化的《創新與創業精神》出版。

1986 年　76 歲。將投稿雜誌的論文集結成冊出版《管理的前沿》。

1989 年　79 歲。出版預測蘇聯瓦解和恐攻威脅的《新現實》。

1990 年　80 歲。出版 NPO 相關人士視為聖經的《非營利組織的管理》。東西冷戰結束。

1992 年　82 歲。出版作為大轉換期指引羅盤的《未來企業》。

1993 年　83 歲。出版預測知識社會即將來臨的《後資本主義社會》，以及將自己定義為「社會生態學者」的《已經發生的未來》。

1995 年　85 歲。出版《對未來的決心》。

1996 年　86 歲。出版《挑戰之時》、《創生之時》（英語版 *Drucker on Asia*）。

1998 年　88 歲。將投稿《哈佛商業評論》的論文集結成冊，出版《P・F・杜拉克管理論集》。

1999 年　89 歲。出版揭示商業的前提已經改變的《支配明天的事物》。

2000 年　90 歲。出版由日本發起的企劃《初讀杜拉克》三部曲：《專業的條件》、《變革領導者的條件》、《創新者的條件》，以作為俯瞰杜拉克著作世界的入門篇。

2002 年　92 歲。出版《下一個社會》，內容旨在討論僱用與管理的變化。獲美國總統授予最高平民勳章「自由勳章」。

2003 年　93 歲。出版《杜拉克名言集》四部曲：《工作的哲學》、《管理的哲學》、《變革的哲學》、《歷史的哲學》出版。

2004 年　94 歲。出版《實踐的管理者》與日曆式形式的名言集《杜拉克的 365 金句》。

2005 年　95 歲。在《日本經濟新聞》連載的專欄〈我的履歷表〉集結成書。出版《初讀杜拉克系列》第四部曲《技術人員的條件》。11 月 11 日，在克萊蒙特自家中辭世。在原本應該慶祝 96 歲生日的 11 月 19 日，於我國（日本）設立杜拉克學會。

2006年　預定作為慶祝杜拉克百歲誕辰，於生前和他本人共同企劃的《杜拉克名著集》12部作品共15冊，從《管理者的條件》、《現代的管理》開始發行。上田惇生撰寫的《杜拉克入門》出版。

2007年　接續出版名著集《非營利組織的管理》、《創新與創業精神》、《創造的管理者》、《斷層時代》、《後資本主義社會》、《「經濟人」的終結》。應杜拉克本人生前的要求，由伊莉莎白・哈斯・伊德賽進行專訪撰寫的《P・F・杜拉克追求理想企業》出版。

2009年　出版《贈送給管理者的五個提問》、《杜拉克 超越時代的語言》。岩崎夏海著《如果高中棒球社女經理讀過杜拉克的「管理學」》（簡稱：《如果杜拉克》）發行。

2010年　出版《〔英日對譯〕決定版 杜拉克名言集》、《杜拉克差異》。上田惇生監修，佐藤等人編著的《實踐杜拉克〔思考篇〕〔行動篇〕》出版。

2011年　布魯斯・羅森斯坦著《向杜拉克學習發揮自我最大潛能的方法》出版、上田惇生著《100分de名著杜拉克管理》出版。上田惇生監修，佐藤等人編著的《實踐杜拉克〔團隊篇〕》出版。由於《如果杜拉克》旋風，《管理〔精簡版〕》銷售突破100萬冊。

2012年　上田惇生監修，佐藤等人編著的《實踐杜拉克〔事業篇〕》出版。《管理》（修訂版）預定出版。

塑造杜拉克的思想家們

社會生態學的根源：
哲學、政治思想、經濟、歷史、社會，甚至小說

❖ 沃爾特·白芝浩（Walter Bagehot，1826-1877）

英國的記者、評論家、經濟學者、思想家。《經濟學人》雜誌的主編。闡述君主制擁護論的《英國憲政論》是政治學的經典。

❖ 亞歷西斯·德·托克維爾
（Alexis de Tocqueville，1805-1859）

法國的政治思想家。研究分析三種國家權力（司法、行政、立法）的政治家。《論美國的民主》是近代民主主義思想的經典。

❖ 貝特朗·德·約弗內爾
（Bertrand de Jouvenel，1903-1987）

法國的思想家。探討國家權力。

❖ **斐迪南·滕尼斯（Ferdinand Tönnies，1855-1936）**

德國的社會學者。提倡共同體中的「社群」（Gemeinschaft）和「社會」（Gesellschaft）的社會進化論。

❖ **格奧爾格·齊美爾（Georg Simmel，1858-1918）**

德國的哲學家、社會學者。

❖ **約翰·羅傑斯·康芒斯**
（John Rogers Commons，1862-1945）

美國的經濟學者。與韋伯倫並列為制度經濟學派的代表人物之一。

❖ **托斯丹·邦德·凡勃倫**
（Thorstein Bunde Veblen，1857-1929）

美國的經濟學者、社會學者。受推崇為制度經濟學的創始人。

了解連續性和創新之間的衝突

❖ **威廉·馮·洪堡（Wilhelm von. Humboldt，1767-1835）**

德國的思想家、政治家。歐洲啟蒙主義的最後巨人。奠定語言學的科學基礎。

❖ **約瑟夫·馮·拉多維茲**

（Joseph Maria von Radowitz，1797-1853）

德國的思想家、軍人、編輯。歐洲各國天主教政黨的創始人。

❖ **弗里德里希·朱利葉斯·斯塔爾**

（Friedrich Julius Stahl，1802-1861）

德國的思想家、繼承黑格爾的法哲學家、德國史上最優秀的議會主義者。

對技術的看法、技術在社會上的定位

❖ **阿爾弗雷德·羅素·華萊士**

（Alfred Russel Wallace，1823-1913）

英國的博物學者、生物學者、探險家、人類學者、地理學者。生物地理學之父。大範圍實地探查亞馬遜河和馬來群島。與達爾文生於同一時代，兩人無交集，卻提倡與達爾文相同的進化論。

❖ **約瑟夫·熊彼得（Joseph Alois Schumpeter，1883-1950）**

奧地利的經濟學者。創新（新結合）、創造性破壞的提倡者。採取社會學方法。

對語言的敬意

❖ 弗里茨・毛特納（Fritz Mauthner，1849-1923）

奧匈帝國（波希米亞）的哲學家、小說家。在《語言批判論集》中表示，語言不僅僅是種單純的訊息。

❖ 卡爾・克勞斯（Karl Kraus，1874-1936）

奧地利的作家、記者。維也納世紀末文化的代表人物。認為語言是道德、品行。

❖ 索倫・奧貝・齊克果

（Søren Aabye Kierkegaard，1813 -1855）

丹麥的哲學家。被視為存在主義的先驅、黑格爾哲學、丹麥教會的批判者。

國家圖書館出版品預行編目 (CIP) 資料

彼得・杜拉克全著作指南／上田惇生作；羅淑慧譯. -- 臺北市：博雅出版股份有限公司, 2024.01
面；　公分.
ISBN 978-626-97661-8-5（精裝）

1. CST：杜拉克（Drucker, Peter Ferdinand, 1909-2005）
2. CST：學術思想　3.CST：管理科學　4.CST：著作目錄

494　　112020761

彼得・杜拉克　全著作指南

作　　者　上田惇生
譯　　者　羅淑慧
編　　輯　孫怡敏
美術編輯　張靜怡
封面設計　柯俊仰

發 行 人　連美霞
出 版 者　博雅出版股份有限公司
法律顧問　德政聯合律師事務所 賴政律師
地　　址　台北市大安區信義路四段 279 號 8 樓
電　　話　02-27030009
E-Mail　mindy@mlafund.com
總 經 銷　大和書報圖書股份有限公司 (02) 8990-2588
印　　刷　群鋒印刷
出　　版　2024 年 1 月
定　　價　360 元
I S B N　978-626-97661-8-5（日文版 ISBN：978-4-478-01652-7）